深圳市生态环境数据标准化实践

尹　民　徐怀洲　游　勇　等/著

中国环境出版集团·北京

图书在版编目（CIP）数据

深圳市生态环境数据标准化实践 / 尹民等著.
北京 : 中国环境出版集团, 2024. 12. -- ISBN 978-7
-5111-6124-6
Ⅰ. X321.265.3-65
中国国家版本馆CIP数据核字第2025T6Q356号

责任编辑 丁莞歆
封面设计 岳 帅

出版发行 中国环境出版集团
（100062 北京市东城区广渠门内大街 16 号）
网 址：http://www.cesp.com.cn
电子邮箱：bjgl@cesp.com.cn
联系电话：010-67112765（编辑管理部）
010-67147349（第四分社）
发行热线：010-67125803，010-67113405（传真）
印 刷 北京鑫益晖印刷有限公司
经 销 各地新华书店
版 次 2024 年 12 月第 1 版
印 次 2024 年 12 月第 1 次印刷
开 本 787×1094 1/32
印 张 10.75
字 数 200 千字
定 价 79.00 元

著作者名单

尹　民　徐怀洲　游　勇　毛庆国

费新勇　刘琳琳　梁常德　黄为炜　张厚武

钟义龙　李佳聪　蒋　宇　罗晓霞　陈　燕

前 言

在信息化、数字化浪潮的推动下，数据已成为国家基础性战略资源。数据的价值不仅体现在其庞大的信息含量上，更体现在其对决策支持、政策制定和资源优化配置的精准指导上，特别是在生态环境领域，数据的重要性更是不言而喻。生态环境数据不仅是评估环境状况、监测污染排放、制定环保政策的重要依据，更是推动生态文明建设、实现可持续发展的关键支撑。

然而，随着数据量的不断增加和数据来源的多样化，数据的时效性、准确性和一致性不佳等成为亟待解决的问题。为确保数据质量，数据标准化成为规范数据采集、存储、处理和应用过程的必要手段。数据标准化是数据治理的重要环节，有助于消除数据孤岛、提升数据质量、加强数据共享和推动数据应用创新。生态环境数据具有多源、异构、复杂等特点，这给数据的整合和应用带来了巨大挑战。通过生态环境数据标准化，我们可以建立一套统一的数据规范，从而确保数据的可比性、可分析性和可共享性。这不仅有助于提升生态环境数据的利用价值，还能够为生态环境治理提供更为精准、科学的决策支持。

2024 年 5 月，中央网信办、市场监管总局、工业和信息化部联合印发《信息化标准建设行动计划（2024—2027 年）》（以下简称《行动计划》），明确了数据标准化工作的核心任务与方向。《行动计划》要求加强统筹协调和系统推进，健全国家信息化标准体系，提升信息化发展综合能力，有力推动网络强国建设，提出要在关键信息技术、数字基础设施、数据资源、产业数字化、电子政务、信息惠民、数字文化及数字化、绿色化协同发展8个重点领域推进信息化标准研制工作。其中，在数据资源方面要求强化数据资源基础标准建设，完善数据采集、存储、访问、使用、销毁等数据技术标准，加快制定元数据、主数据、数据质量等数据治理标准，推进重点领域高质量数据集建设，推进数据密码保护、数据分类分级、数据脱敏脱密、数据跨境传输等数据安全相关标准的研制，推动数据要素流通标准的研制；同时，在数字化、绿色化协同发展方面提出要完善生态环境治理信息化标准的相关要求。

深圳市作为我国改革开放的前沿阵地，始终走在生态环境数据标准化探索与实践的前列。深圳市人民政府于2021年12月印发《深圳市生态环境保护“十四五”规划》（深府〔2021〕71号），明确提出要优化生态环境数据质量管理、治理技术、标准规范和分析应用体系，提升数据管理、挖掘和分析应用能力；2023年6月和2024年1月，又分别印发《深圳市数字孪生先锋城市建设行动计划（2023）》（深府办函〔2023〕42号）和《2024年推动高质量发展“十大计划”》（深府办〔2024〕2号），提出要推进和深化“一数一源一标准”数据治理工作。与此同时，深圳市人民政府办公厅印发《深圳市首席数据官制度试点实施方案》（深府办函〔2021〕71号），深圳市生态环境局印发《深圳市生态环境局生态环境数据管理办法（试行）》（深环办〔2022〕30号），为加强数据管理、推进数据标准化提供了有力抓手。

本书正是在此背景下应运而生的，旨在总结和分享深圳市在生态环境数据标准化领域的探索与实践经验，为国内外其他城市提供可借鉴的模式与路径。本书以深圳市生态环境数据标准化工作为核心，分三个部分逐步展开对这一复杂而重要议题的深度剖析。

第一部分综述了国内生态环境数据标准化的现状，包括我国数据标准化历程、生态环境数据现状及深圳市生态环境数据标准化建设历程，分析了生态环境数据标准化面临的挑战，包括数据特点、标准化难点和标准化需求，并在此基础上概述了生态环境数据标准化方法，包括政策支撑、理论溯源和顶层设计，为后续章节奠定了坚实的理论与背景基础。

第二部分阐述了深圳市在生态环境数据标准化方面的探索实践，包括梳理数据清单、提炼数据目录、编制数据字典、构建数据模型和贯彻数据标准。

第三部分展望了生态环境数据标准化的未来发展方向，强调了生态环境数据标准化对促进数据交易、实现数据共享、支撑智慧决策的深远意义，基于深圳市的实践经验提出了对未来生态环境数据标准化顶层设计的建议。这些建议力求在技术进步与管理创新中找到最佳平衡点，为构建更加完善的生态环境数据标准化体系绘制蓝图。

本书是深圳市生态环境数据标准化工作团队集体智慧的结晶。在撰写本书时，我们深入研究了国内外相关文献资料，并采纳了众多学者的前沿思想，也得到了生态环境领域同行的支持与协助。尽管本书的写作团队是由具备丰富实践经验、深耕生态环境信息化领域的一线人员组成的，但鉴于我国生态环境数据标准化尚处于初步探索阶段，诸多细节方面仍需不断完善。对于书中不足或待改进之处，我们诚恳地期待读者能够提出宝贵意见与建议，以激发更多思考和探索，共同推动生态环境数据标准化工作深入开展，为生态文明和社会可持续发展贡献力量。

作 者

2024 年 7 月

目　录

第 1 部分　综　述

第 3 部分 展 望

第1部分

综 述

21 世纪以来，我国数据标准化的航船在浩渺的信息化海洋中乘风破浪，持续稳健地向前推进，实现了从零星探索到体系化构建的飞跃，印证了国家信息化与数字化管理的迅猛进步和深入转型。数据标准化不仅为国家的现代化建设提供了有力支撑，更为构建科学、高效的生态环境保护体系奠定了坚实基础。

回顾过去，我国的数据标准化工作经历了从简单统计到信息化、数字化管理的跨越式发展。各行业在实践中不断积累智慧、勇于创新，逐步构建了一套既符合国家实际又紧跟时代步伐的数据标准化体系。

在生态环境数据领域，数据标准化的作用尤为显著。生态环境数据作为衡量环境质量的关键指标，其精确度与可用性直接影响着生态环境政策的科学性及绿色发展的推进力。因此，强化生态环境数据标准化工作、提升数据品质与应用效能成为当务之急。深圳市作为中国经济特区的先锋，巧妙融合了国家宏观策略与本地特色，迈上了一条别具一格的生态环境数据标准化建设道路。

然而，挑战亦如影随形。这些挑战源自生态环境数据固有的多样性与复杂性，以及标准化进程中遇到的技术瓶颈和政策协调难题。其应对之道在于深入剖析生态环境数据的特性，精准把握标准化工作所面临的挑战与需求，明确战略导向，为科学施策提供依据。此外，生态环境数据标准化是一个涉及政策、理论与顶层设计的多层面的复合难题，需要以一个健全的数据标准化方法体系作为指导，以确保实践工作的有序与高效。

综上所述，生态环境数据标准化不仅是技术与管理的深度融合，更是对政策智慧与创新能力的考验。我们正处在一个挑战与机遇并存的时代，通过持续探索与创新实践必将推动我国生态环境数据标准化迈向新高度。

第1章 我国生态环境数据标准化现状

1.1 我国数据标准化历程

随着数字化转型的深入，各行各业都在积极探索如何有效管理和利用海量数据资源，以提升业务效能、创新服务模式和增强竞争优势。然而，数据的多样性和复杂性也给数据处理与价值挖掘带来了前所未有的挑战。在此背景下，数据标准化作为数据治理的核心环节显得尤为重要。

根据中国信息通信研究院（以下简称中国信通院）的定义，数据标准（data standards）是保障数据的内外部使用与交换的一致性和准确性的规范性约束。数据标准是进行数据标准化的主要依据，构建一套完整的数据标准体系是开展数据标准管理工作的良好基础，有利于提升数据底层的互通性和数据的可用性。根据《标准化工作指南　第 1 部分：标准化和相关活动的通用术语》（GB/T 20000.1—2014）的定义，标准化（standardization）是为了在既定范围内获得最佳秩序、促进共同效益，对现实问题或潜在问题确立共同使用和重复使用的条款及编制、发布和应用文件的活动。《中华人民共和国标准化法》指出，标准化工作的任务是制定标准、组织实施标准及对标准的制定、实施进行监督。关于数据标准化，MBA 智库百科的解释如下：数据标准化是指研究、制定和推广应用统一的数据分类分级、记录格式及转换、编码等技术标准的过程。

数据标准化是政府和组织实施数据治理的核心活动和首要工作，可以发挥降低治理复杂度、提升数据质量、打破数据孤岛、加快数据交换共享、释放数据价值等关键作用。对标准化工作的需求来自数据治理的各个方面，包括数据架构、数据采集、数据存储、数据流通、元数据管理、数据分析应用、数据全生存周期管理、数据安全、数据质量等一系列需求。

我国数据标准化是一个不断适应信息技术变革、推动信息互联互通、促进数字经济健康发展的历程。从早期的手工记录和信息孤岛到计算机时代的兴起和互联网的广泛应用，直至大数据、云计算、人工智能（AI）等新兴技术的蓬勃发展，每一次技术浪潮都对数据标准化提出了新的要求和挑战。我国数据标准化发展总体分为起步探索、拓展应用和快速发展 3 个阶段。

1.1.1 起步探索阶段（2000—2010 年）

在计算机发明之前，数据主要通过纸质文档和口头传播，数据标准化的需求并不明显。进入 21 世纪，随着计算机的诞生和普及，数据的存储、传输、处理变得更加便捷、高效，但是数据之间的不兼容性和不一致性也变得更加明显，数据标准化的需求逐渐凸显。

在起步探索阶段，各国开始意识到数据标准化的重要性，主要是为了解决数据交换和共享的问题。我国也在这一时期关注到数据标准化的重要性，并陆续出台了一些政策文件，发布了相应的数据标准，但具体数据标准尚处于初步认知和探索阶段。例如，国家标准化管理委员会（SAC）在这一时期开始加强对数据标准制定的管理和指导，如出台《关于实施标准化战略的意见》《标准化“十一五”发展规划》等，在推动标准化工作整体发展、加强对标准化工作的管理和指导等方面发挥了重要作用，间接促进了数据标准制定工作的开展。同时，一些行业内部也开始探索数据标准化实践，如银行业在 2004 年由中国建设银行首次提出“数据标准化”概念，并开启了数据标准化建设进程。

1. 数据元标准的制定

2000—2010 年，全国标准信息公共服务平台的数据显示，国家在电子政务、信息技术和金融等领域发布了 10 个数据元相关标准，对数据的定义、格式和属性提出了统一要求（表 1-1）。

表 1-1　数据元相关国家标准（2000—2010 年不完全统计）

序号	标准号	标准名称
1	GB/T 16649.6—2001	《识别卡　带触点的集成电路卡　第 6 部分：行业间数据元》
2	GB/Z 19091.1—2003	《纺织工艺监控用数据元素的定义和属性　第 1 部分：纺、纺前准备及相关工艺》
3	GB/T 19488.1—2004	《电子政务数据元　第 1 部分：设计和管理规范》
4	GB/T 7408—2005	《数据元和交换格式　信息交换　日期和时间表示法》
5	GB/T 21081—2007	《银行业务　密钥管理相关数据元（零售）》
6	GB/T 19488.2—2008	《电子政务数据元　第 2 部分：公共数据元目录》
7	GB/T 17564.4—2009	《电气元器件的标准数据元素类型和相关分类模式　第 4 部分：IEC 标准数据元素类型和元器件类别基准集》
8	GB/T 23824.1—2009	《信息技术　实现元数据注册系统（MDR）内容一致性的规程　第 1 部分：数据元》
9	GB/T 15191—2010	《贸易数据交换　贸易数据元目录　数据元》
10	GB/T 25100—2010	《信息与文献　都柏林核心元数据元素集》

《2006—2020 年国家信息化发展战略》（中办发〔2006〕11 号）指出，信息化发展要“统筹规划、资源共享”。《北京市信息化促进条例》要求北京市有关部门“制定并及时完善有关信息化标准”“规范市和区、县两级行政机关采集政务信息的活动”。北京市发布的《农村基础信息数据元》（DB11/T 699—2010）提出了农村基础信息数据元的分类方法、表示方法、分类框架和基础数据元，并分别定义了基础数据元的 12 个主要属性。

为加强特种设备的安全监察，防止和减少事故，保障人民群众生命和财产安全，促进经济发展，广东省质量技术监督局运用现代化信息技术对全省的特种设备实施电子监管，发布了《广东省特种设备电子监管系统规范》（DB44/T 762—2010）系列标准，其中“第 5 部分：数据元”规定了广东省特种设备电子监管系统数据元的表示规范、数据元的分类与标识、名称等。通过对数据元及其属性的规范化和标准化，不同用户可以对数据拥有一致的理解、表达和共识，可以有效实现和增进不同信息化系统的数据共享和交换。

数据元相关地方标准见表 1-2。

表 1-2 数据元相关地方标准（2000—2010 年不完全统计）

序号	标准号	标准名称	地方
1	DB11/T 699.1—2010	《农村基础信息数据元　第 1 部分：总体框架》	北京市
2	DB11/T 699.2—2010	《农村基础信息数据元　第 2 部分：个人基础信息》	北京市
3	DB11/T 699.3—2010	《农村基础信息数据元　第 3 部分：组织基础信息》	北京市
4	DB11/T 699.4—2010	《农村基础信息数据元　第 4 部分：社会基础信息》	北京市
5	DB11/T 699.5—2010	《农村基础信息数据元　第 5 部分：经济基础信息》	北京市
6	DB11/T 699.6—2010	《农村基础信息数据元　第 6 部分：自然资源基础信息》	北京市
7	DB44/T 762.5—2010	《广东省特种设备电子监管系统规范　第 5 部分：数据元》	广东省

与此同时，电子、公共安全、交通、烟草、金融、卫生等行业也结合各自业务领域制定并发布了数据元、代码集等行业标准（表 1-3）。

表 1-3 数据元相关行业标准（2000—2010 年不完全统计）

序号	标准号	标准名称	行业
1	SJ/T 11221—2000	《集成电路卡通用规范　第 2 部分：行业间交换用命令、行业间数据元及注册号规定》	电子
2	GA/T 396—2002	《消防业务基础数据元与代码表》	公共安全
3	JR/T 0015—2004	《银行信息化通用数据元》	金融
4	QX/T 39—2005	《气象数据集核心元数据》	气象
5	JR/T 0027—2006	《征信数据元　数据元设计与管理》	金融
6	JR/T 0028—2006	《征信数据元　个人征信数据元》	金融
7	HS/T 17—2006	《海关业务基础数据元目录》	海关
8	SY/T 6705—2007	《石油工业数据元设计原则》	石油天然气
9	CY/T 45—2008	《新闻出版业务基础数据元》	新闻出版
10	JT/T 697.6—2008	《交通信息基础数据元　第 6 部分：船员信息基础数据元》	交通
11	YC/T 256.1—2008	《烟草行业工商统计数据元　第 1 部分：数据元目录》	烟草
12	YC/T 256.2—2008	《烟草行业工商统计数据元　第 2 部分：代码集》	烟草

序号	标准号	标准名称	行业
13	JR/T 0039—2009	《征信数据元　信用评级数据元》	金融
14	JR/T 0057—2009	《票据影像交换技术规范　数据元》	金融
15	WS/T 303—2009	《卫生信息数据元标准化规则》	卫生
16	WS/T 305—2009	《卫生信息数据集元数据规范》	卫生
17	WS/T 306—2009	《卫生信息数据集分类与编码规则》	卫生
18	YC/T 326.1—2009	《烟用材料数据元　第 1 部分：数据元目录》	烟草
19	YC/T 326.2—2009	《烟用材料数据元　第 2 部分：代码集》	烟草
20	SL 475—2010	《水利信息公用数据元》	水利

2. 数据标准化的提出

随着计算机技术的引入和初步应用，各行业开始意识到数据统一和标准化的重要性，以减少信息孤岛、提升数据交换的效率。此时的数据标准化工作侧重基础概念的确立、标准制定的初步尝试及一些关键行业的局部实践，主要体现在金融领域。

2004 年，中国建设银行首次提出银行业“数据标准化”概念，自此开启了银行业数据标准建设进程。数据标准化工作在银行业及多数开展数据治理工作的组织中得到广泛认同与落地实施，有效解决了组织在经营管理中面临的数据一致性、共享性问题。

2008 年，国际金融危机爆发后，大量金融机构遭受巨额损失，股价惨跌，直接对股市大盘造成冲击，暴露出以货币统计、国际收支统计和监管统计为主要构成内容的现行金融统计体系存在的诸多制度性缺陷和问题。这一年，中国金融业面临着国内外市场的相互竞争与相互依存程度迅速提高的新形势，如何加强金融机构的内部风险控制，防范和化解金融风险，促进金融创新，提高金融服务水平和金融业市场竞争力，是我国金融改革发展面临的重大课题。金融标准作为其中关键的基础条件，迫切需要发挥其指导、规范和纽带作用。

2009 年，为从源头上解决和促进各类金融信息的共享和协调，构建更为积极、完善的统计监测体系，中国人民银行启动了金融统计标准化改革工作，陆续发布了一系列标准，并部署各家金融机构开始具体标准的落地实施。《中国金融标准化报告 2009》指出，截至 2009 年 12 月，我国共发布金融国家标准 41 项、金融行业标准 77 项，涵盖基础性数据元、术语、代码集、印钞造币、征信、银行卡、数据交换、信息安全等领域，其中银行卡类、统计类、信息安全类、征信类标准成效显著，印制行业标准已经处于国际领先水平。与此同时，金融国际标准采标水平大幅提升，通过加强金融标准化研究，共计跟踪了国际标准化组织金融服务技术委员会（ISO/TC68）及个人理财技术委员会（TC222）已发布的标准 85 项，先后将 75 项国际标准列入采标计划，基本实现了对国际标准的同步跟踪与同步转化，及时为国内金融标准化工作提供了借鉴的基础。

1.1.2 拓展应用阶段（2011—2015 年）

“十二五”期间，随着信息产业迅速壮大、信息技术快速发展、互联网经济日益繁荣，我国积累了丰富的数据资源，已成为产生和积累数据量最大、数据类型最丰富的国家之一。

在拓展应用阶段，金融、公共安全、卫生、交通等行业均加大了对数据标准的研究力度，产出了一系列数据标准和规范，使我国的数据标准化工作逐步向更广泛的领域拓展。这些标准和规范不仅提升了数据的规范性和一致性，也促进了数据的共享和应用，特别是银行业在这一时期继续深化数据标准化工作，不仅制定了一系列行业数据标准，还在监管上提出了更高的数据质量要求，进一步推动了数据治理体系的建立和完善。这些努力为后续的规模化建设奠定了坚实的基础，并为整个行业的数据管理和应用提供了有力支撑。

此外，2012 年通过的《全国人民代表大会常务委员会关于加强网络信息保护的决定》也为数据标准化工作提供了法律支持，强调了个人信息保护和数据安全的重要性，进一步推动了数据标准化工作的健康发展。

1. 数据标准发布情况

“十二五”期间（2011—2015 年）发布的数据标准量较前 10 年呈倍数增长。全国标准信息公共服务平台的数据显示，其间共发布 148 个数据元相关标准，其中国家标准 15 个、地方标准 24 个、行业标准 109 个，主要集中在卫生、公共安全、交通、金融等涉及较多跨域数据整合应用的行业，数据元技术规范标准管理已相对比较成熟（表 1-4）。

表 1-4　数据元相关行业标准（2011—2015 年不完全统计）

序号	标准类型	标准号	标准名称	备注
1	国家标准	GB/T 26321—2010	《国际货运代理业务数据元》	国家
2	国家标准	GB/T 17564.1—2011	《电气项目的标准数据元素类型和相关分类模式　第 1 部分：定义　原则和方法》	国家
3	国家标准	GB/T 26499.2—2011	《机械　科学数据　第 2 部分：数据元目录》	国家
4	国家标准	GB/T 26767—2011	《道路、水路货物运输地理信息基础数据元》	国家
5	国家标准	GB/T 26768—2011	《道路、水路货物运输基础数据元》	国家
6	国家标准	GB/T 28826.1—2012	《信息技术　公用生物特征识别交换格式框架　第 1 部分：数据元素规范》	国家
7	国家标准	GB/T 29110—2012	《道路交通信息服务　公共汽电车线路信息基础数据元》	国家
8	国家标准	GB/T 17564.2—2013	《电气元器件的标准数据元素类型和相关分类模式　第 2 部分：　EXPRESS 字典模式》	国家
9	国家标准	GB/T 29854—2013	《社区基础数据元》	国家
10	国家标准	GB/T 15635—2014	《行政、商业和运输业电子数据交换　复合数据元目录》	国家
11	国家标准	GB/T 17699—2014	《行政、商业和运输业电子数据交换　数据元目录》	国家
12	国家标准	GB/T 31074—2014	《科技平台　数据元设计与管理》	国家
13	国家标准	GB/T 31308.1—2014	《商业、工业和行政的过程、数据元和单证　长效签名规范　第 1 部分：CMS 高级电子签名（CAdES）的长效签名规范》	国家
14	国家标准	GB/T 31308.2—2014	《商业、工业和行政的过程、数据元和单证　长效签名规范　第 2 部分：XML 高级电子签名（XAdES）的长效签名规范》	国家
15	国家标准	GB/T 31490.4—2015	《社区信息化　第 4 部分：数据元素字典》	国家
16	地方标准	DB11/T 836—2011	《农业信息资源数据集核心元数据》	北京市
17	地方标准	DB33/T 853—2011	《传染病防治基本数据集》	浙江省
18	地方标准	DB35/T 1180—2011	《工业组织能耗数据集中采集导则》	福建省
19	地方标准	DB43/T 652—2011	《法人单位基础信息共享数据元》	湖南省
20	地方标准	DB22/T 1654—2012	《用能单位能源计量数据集中采集系统通用技术条件》	吉林省

序号	标准类型	标准号	标准名称	备注
21	地方标准	DB43/T 730—2012	《工程建设领域信息共享数据元规范》	湖南省
22	地方标准	DB37/T 2454—2013	《普通货物运输物流单证数据元规范》	山东省
23	地方标准	DB37/T 2455—2013	《商贸流通产品数据元规范》	山东省
24	行业标准	DB21/T 2283.1—2018	《渔业信息化基础数据元　第 1 部分：总则》	辽宁省
25	地方标准	DB21/T 2283.2—2014	《渔业信息化基础数据元　第 2 部分：渔港信息基础数据元》	辽宁省
26	地方标准	DB21/T 2283.3—2014	《渔业信息化基础数据元　第 3 部分：渔船船员信息基础数据元》	辽宁省
27	地方标准	DB21/T 2283.4—2014	《渔业信息化基础数据元　第 4 部分：渔船船检信息基础数据元》	辽宁省
28	地方标准	DB21/T 2283.5—2014	《渔业信息化基础数据元　第 5 部分：渔船信息基础数据元》	辽宁省
29	地方标准	DB32/T 2629—2014	《粮食流通信息基础数据元规范》	江苏省
30	地方标准	DB33/T 918.2—2014	《血液信息系统基本建设规范　第 2 部分：血站信息系统基本数据集》	浙江省
31	地方标准	DB35/T 1456.2—2014	《民政社区数据规范　第 2 部分：数据元》	福建省
32	地方标准	DB11/T 1165.2—2015	《收费公路联网收费系统　第 2 部分：基础数据元和编码规则》	北京市
33	地方标准	DB11/T 1238—2015	《健康体检体征数据元规范》	北京市
34	地方标准	DB11/T 1284—2015	《葡萄酒生产管理数据元规范》	北京市
35	地方标准	DB11/T 1290—2015	《居民健康档案基本数据集》	北京市
36	地方标准	DB11/T 1298—2015	《公园数据元规范》	北京市
37	地方标准	DB21/T 2467—2015	《动物疫病防控信息数据元规范》	辽宁省
38	地方标准	DB37/T 2717—2015	《人口基础信息扩展数据元目录》	山东省
39	地方标准	DB41/T 1068—2015	《城市客运监管与服务信息系统　数据元》	河南省
40	行业标准	CY/T 128—2015	《印刷技术　匹配颜色特征化数据集的印刷系统调整方法》	新闻出版
41	行业标准	CY/T 135—2015	《版权信息基础数据元》	新闻出版
42	行业标准	GA/T 1054.1—2013	《公安数据元限定词（1）》	公共安全
43	行业标准	GA/T 1054.2—2015	《公安数据元限定词（2）》	公共安全

序号	标准类型	标准号	标准名称	备注
44	行业标准	GA/T 1054.3—2015	《公安数据元限定词（3）》	公共安全
45	行业标准	GA/T 541—2011	《公安数据元管理规程》	公共安全
46	行业标准	GA/T 542—2011	《公安数据元编写规则》	公共安全
47	行业标准	GA/T 543.1—2011	《公安数据元（1）》	公共安全
48	行业标准	GA/T 543.2—2011	《公安数据元（2）》	公共安全
49	行业标准	GA/T 543.3—2012	《公安数据元（3）》	公共安全
50	行业标准	GA/T 543.4—2011	《公安数据元（4）》	公共安全
51	行业标准	GA/T 543.5—2012	《公安数据元（5）》	公共安全
52	行业标准	GA/T 543.6—2015	《公安数据元（6）》	公共安全
53	行业标准	GA/T 543.7—2015	《公安数据元（7）》	公共安全
54	行业标准	GA/T 543.8—2015	《公安数据元（8）》	公共安全
55	行业标准	HJ721—2014	《环境数据集加工汇交流程》	环境保护
56	行业标准	HJ722—2014	《环境数据集说明文档格式》	环境保护
57	行业标准	JR/T 0033—2015	《保险基础数据元目录》	金融
58	行业标准	JR/T 0093.1—2012	《中国金融移动支付　远程支付应用　第 1 部分：数据元》	金融
59	行业标准	JR/T 0094.1—2012	《中国金融移动支付　近场支付应用　第 1 部分：数据元》	金融
60	行业标准	JT/T 697.1—2013	《交通信息基础数据元　第 1 部分：总则》	交通
61	行业标准	JT/T 697.2—2014	《交通信息基础数据元　第 2 部分：公路信息基础数据元》	交通
62	行业标准	JT/T 697.3—2013	《交通信息基础数据元　第 3 部分：港口信息基础数据元》	交通
63	行业标准	JT/T 697.4—2013	《交通信息基础数据元　第 4 部分：航道信息基础数据元》	交通
64	行业标准	JT/T 697.5—2013	《交通信息基础数据元　第 5 部分：船舶信息基础数据元》	交通
65	行业标准	JT/T 697.6—2014	《交通信息基础数据元　第 6 部分：船员信息基础数据元》	交通
66	行业标准	JT/T 697.7—2022	《交通信息基础数据元　第 7 部分：道路运输信息基础数据元》	交通
67	行业标准	JT/T 697.8—2014	《交通信息基础数据元　第 8 部分：水路运输信息基础数据元》	交通

序号	标准类型	标准号	标准名称	备注
68	行业标准	JT/T 697.9—2014	《交通信息基础数据元　第 9 部分：建设项目信息基础数据元》	交通
69	行业标准	JT/T 697.10—2014	《交通信息基础数据元　第 10 部分：交通统计信息基础数据元》	交通
70	行业标准	JT/T 697.11—2014	《交通信息基础数据元　第 11 部分：船舶检验信息基础数据元》	交通
71	行业标准	JT/T 697.12—2014	《交通信息基础数据元　第 12 部分：船载客货信息基础数据元》	交通
72	行业标准	JT/T 697.13—2014	《交通信息基础数据元　第 13 部分：收费公路信息基础数据元》	交通
73	行业标准	JT/T 697.14—2015	《交通信息基础数据元　第 14 部分：城市客运信息基础数据元》	交通
74	行业标准	JT/T 905.3—2014	《出租汽车服务管理信息系统　第 3 部分：信息数据元》	交通
75	行业标准	JT/T 919.1—2014	《交通运输物流信息交换　第 1 部分：数据元》	交通
76	行业标准	JT/T 979.2—2015	《道路客运联网售票系统　第 2 部分：信息数据元》	交通
77	行业标准	SN/T 2991.1—2011	《检验检疫业务信息数据元规范　第 1 部分：通则》	出入境检验检疫
78	行业标准	SN/T 2991.2—2014	《检验检疫业务信息数据元规范　第 2 部分：检测业务部分》	出入境检验检疫
79	行业标准	SW 4—2012	《税务数据元目录（核心征管）》	税务
80	行业标准	WH/T 43—2012	《图书馆　射频识别　数据模型　第 1 部分：数据元素设置及应用规则》	文化
81	行业标准	WH/T 44—2012	《图书馆　射频识别　数据模型　第 2 部分：基于 ISO/IEC15962 的数据元素编码方案》	文化
82	行业标准	WS 363.1—2011	《卫生信息数据元目录　第 1 部分：总则》	卫生
83	行业标准	WS 363.2—2011	《卫生信息数据元目录　第 2 部分：标识》	卫生
84	行业标准	WS 363.3—2011	《卫生信息数据元目录　第 3 部分：人口学及社会经济学特征》	卫生
85	行业标准	WS 363.4—2011	《卫生信息数据元目录　第 4 部分：健康史》	卫生
86	行业标准	WS 363.5—2011	《卫生信息数据元目录　第 5 部分：健康危险因素》	卫生
87	行业标准	WS 363.6—2011	《卫生信息数据元目录　第 6 部分：主诉与症状》	卫生
88	行业标准	WS 363.7—2011	《卫生信息数据元目录　第 7 部分：体格检查》	卫生

序号	标准类型	标准号	标准名称	备注
89	行业标准	WS 363.8—2011	《卫生信息数据元目录　第 8 部分：临床辅助检查》	卫生
90	行业标准	WS 363.9—2011	《卫生信息数据元目录　第 9 部分：实验室检查》	卫生
91	行业标准	WS 363.10—2011	《卫生信息数据元目录　第 10 部分：医学诊断》	卫生
92	行业标准	WS 363.11—2011	《卫生信息数据元目录　第 11 部分：医学评估》	卫生
93	行业标准	WS 363.12—2011	《卫生信息数据元目录　第 12 部分：计划与干预》	卫生
94	行业标准	WS 363.13—2011	《卫生信息数据元目录　第 13 部分：卫生费用》	卫生
95	行业标准	WS 363.14—2011	《卫生信息数据元目录　第 14 部分：卫生机构》	卫生
96	行业标准	WS 363.15—2011	《卫生信息数据元目录　第 15 部分：卫生人员》	卫生
97	行业标准	WS 363.16—2011	《卫生信息数据元目录　第 16 部分：药品、设备与材料》	卫生
98	行业标准	WS 363.17—2011	《卫生信息数据元目录　第 17 部分：卫生管理》	卫生
99	行业标准	WS 364.1—2011	《卫生信息数据元值域代码　第 1 部分：总则》	卫生
100	行业标准	WS 364.2—2011	《卫生信息数据元值域代码　第 2 部分：标识》	卫生
101	行业标准	WS 364.3—2011	《卫生信息数据元值域代码　第 3 部分：人口学及社会经济学特征》	卫生
102	行业标准	WS 364.4—2011	《卫生信息数据元值域代码　第 4 部分：健康史》	卫生
103	行业标准	WS 364.5—2011	《卫生信息数据元值域代码　第 5 部分：健康危险因素》	卫生
104	行业标准	WS 364.6—2011	《卫生信息数据元值域代码　第 6 部分：主诉与症状》	卫生
105	行业标准	WS 364.7—2011	《卫生信息数据元值域代码　第 7 部分：体格检查》	卫生
106	行业标准	WS 364.8—2011	《卫生信息数据元值域代码　第 8 部分：临床辅助检查》	卫生
107	行业标准	WS 364.9—2011	《卫生信息数据元值域代码　第 9 部分：实验室检查》	卫生
108	行业标准	WS 364.10—2011	《卫生信息数据元值域代码　第 10 部分：医学诊断》	卫生
109	行业标准	WS 364.11—2011	《卫生信息数据元值域代码　第 11 部分：医学评估》	卫生
110	行业标准	WS 364.12—2011	《卫生信息数据元值域代码　第 12 部分：计划与干预》	卫生
111	行业标准	WS 364.13—2011	《卫生信息数据元值域代码　第 13 部分：卫生费用》	卫生
112	行业标准	WS 364.14—2011	《卫生信息数据元值域代码　第 14 部分：卫生机构》	卫生
113	行业标准	WS 364.15—2011	《卫生信息数据元值域代码　第 15 部分：卫生人员》	卫生

序号	标准类型	标准号	标准名称	备注
114	行业标准	WS 364.16—2011	《卫生信息数据元值域代码　第 16 部分：药品、设备与材料》	卫生
115	行业标准	WS 364.17—2011	《卫生信息数据元值域代码　第 17 部分：卫生管理》	卫生
116	行业标准	WS 365—2011	《城乡居民健康档案基本数据集》	卫生
117	行业标准	WS 371—2012	《基本信息基本数据集　个人信息》	卫生
118	行业标准	WS 372.1—2012	《疾病管理基本数据集　第 1 部分：乙肝患者管理》	卫生
119	行业标准	WS 372.2—2012	《疾病管理基本数据集　第 2 部分：高血压患者健康管理》	卫生
120	行业标准	WS 372.3—2012	《疾病管理基本数据集　第 3 部分：重性精神疾病患者管理》	卫生
121	行业标准	WS 372.4—2012	《疾病管理基本数据集　第 4 部分：老年人健康管理》	卫生
122	行业标准	WS 372.5—2012	《疾病管理基本数据集　第 5 部分：2 型糖尿病患者健康管理》	卫生
123	行业标准	WS 372.6—2012	《疾病管理基本数据集　第 6 部分：肿瘤病例管理》	卫生
124	行业标准	WS 375.1—2012	《疾病控制基本数据集　第 1 部分：艾滋病综合防治》	卫生
125	行业标准	WS 375.2—2012	《疾病控制基本数据集　第 2 部分：血吸虫病病人管理》	卫生
126	行业标准	WS 375.3—2012	《疾病控制基本数据集　第 3 部分：慢性丝虫病病人管理》	卫生
127	行业标准	WS 375.4—2012	《疾病控制基本数据集　第 4 部分：职业病报告》	卫生
128	行业标准	WS 375.5—2012	《疾病控制基本数据集　第 5 部分：职业性健康监护》	卫生
129	行业标准	WS 375.6—2012	《疾病控制基本数据集　第 6 部分：伤害监测报告》	卫生
130	行业标准	WS 375.7—2012	《疾病控制基本数据集　第 7 部分：农药中毒报告》	卫生
131	行业标准	WS 375.8—2012	《疾病控制基本数据集　第 8 部分：行为危险因素监测》	卫生
132	行业标准	WS 375.9—2012	《疾病控制基本数据集　第 9 部分：死亡医学证明》	卫生
133	行业标准	WS 375.10—2012	《疾病控制基本数据集　第 10 部分：传染病报告》	卫生
134	行业标准	WS 375.11—2012	《疾病控制基本数据集　第 11 部分：结核病报告》	卫生
135	行业标准	WS 375.12—2012	《疾病控制基本数据集　第 12 部分：预防接种》	卫生
136	行业标准	WS 373.1—2012	《医疗服务基本数据集　第 1 部分：门诊摘要》	卫生
137	行业标准	WS 373.2—2012	《医疗服务基本数据集　第 2 部分：住院摘要》	卫生
138	行业标准	WS 373.3—2012	《医疗服务基本数据集　第 3 部分：成人健康体检》	卫生

序号	标准类型	标准号	标准名称	备注
139	行业标准	WS 374.1—2012	《卫生管理基本数据集　第 1 部分：卫生监督检查与行政处罚》	卫生
140	行业标准	WS 374.2—2012	《卫生管理基本数据集　第 2 部分：卫生监督行政许可与登记》	卫生
141	行业标准	WS 374.3—2012	《卫生管理基本数据集　第 3 部分：卫生监督监测与评价》	卫生
142	行业标准	WS 374.4—2012	《卫生管理基本数据集　第 4 部分：卫生监督机构与人员》	卫生
143	行业标准	WS/T 370—2012	《卫生信息基本数据集编制规范》	卫生
144	行业标准	YC/T 451.1—2012	《烟草行业数据中心人力资源数据元　第 1 部分：数据元目录》	烟草
145	行业标准	YC/T 451.2—2012	《烟草行业数据中心人力资源数据元　第 2 部分：代码集》	烟草
146	行业标准	YC/T 474.1—2013	《烟草行业地理信息共享服务基本规范　第 1 部分：地理信息数据元》	烟草
147	行业标准	YC/T 534.1—2015	《烟草行业数据元　第 1 部分：结构与原则》	烟草
148	行业标准	YZ/T 0143—2015	《快件基础数据元》	邮政

2．数据标准化典型应用领域——金融业

（1）国内金融业数据标准化要求不断提高

2011 年，中国银监会发布了《银行监管统计数据质量管理良好标准（试行）》（银监发〔2011〕63 号），从组织机构及人员，制度建设，系统保障和数据标准，数据质量的监控、检查与评价，数据的报送、应用和存储方面对银行数据治理提出要求。这一政策标志着中国银行业开始重视数据治理，并为之后的数据治理工作奠定了基础。

2012 年，中国人民银行出台了《标准化存贷款综合抽样统计监测系统数据接口规范》（银办发〔2012〕192 号），标志着数据标准化正式对外以规范性文件的形式渗入金融机构。同年，监管标准化数据系统（examination and analysis system technology，EAST）正式上线。该系统将银行机构数据结构映射成统一的监管标准化数据格式，通过统一、持续采集数据结构中所列明的数据建立专业的数据分析模型，进而对银行机构的业务进行全面梳理和评价。

2014年，金融业行业标准《银行数据标准定义规范》（JR/T 0105—2014）发布。该标准指出，数据标准是对数据的表达、格式及定义的一致约定，包含对数据业务属性、技术属性和管理属性的统一定义。

（2）各大银行数据治理体系建设不断推进

自2004年中国建设银行首次提出数据标准概念以来，数据标准工作在银行业及多数开展数据治理工作的组织得到广泛认同与落地实施，有效解决了组织在经营管理中面临的数据一致性、共享性问题。2008年，中国光大银行成为第一家实施数据标准体系的股份制商业银行，运用“六位一体”应用体系方法稳步推进标准落地执行。2010年，中国工商银行成为四大行中首家全面建设数据标准体系的国有银行，其成果在全行范围内形成了有效共识。2013年，农业、交通、招商、华夏、中信、浦发、广发、平安等银行相继完成数据标准体系的建设与推广工作。2014年，中国民生银行正式启动数据标准体系建设工作，提出“数据标准工程是民生银行执行凤凰计划、二次腾飞的基础”，其目标是打造国内一流的数据标准体系。

大多数金融组织的数据治理体系建设都是从数据标准起步的，经过一段时期的建设后，各类组织也都发现数据标准是数据治理的一个组成部分，与数据质量、元数据、数据模型、数据开发等有着密不可分的关系，于是开始启动数据治理体系的建设。

1.1.3 快速发展阶段（2016年至今）

随着大数据时代的到来，互联网、云计算、人工智能等技术迅速发展，数据的量、类型、来源变得更加复杂多样，数据标准化的需求和挑战更加迫切，数据已成为国家基础性战略资源，数据标准化进入了规模建设阶段。《中华人民共和国国民经济和社会发展第十三个五年规划纲要》（2016—2020年）首次提出推行国家大数据战略，要把大数据作为基础性战略资源，全面实施促进大数据发展行动，加快推动数据资源共享开放和开发应用，助力产业转型升级和社会治理创新，具体包括加快政府数据开放共享、促进大数据产业健康发展等。

在快速发展阶段，随着国家大数据战略的提出，国家层面开始统筹规划，推动数据标准体系的构建和完善，发布了多项国家级数据标准，涵盖数据采集、处理、存储、交换、安全等多个方面，如GB/T系列国家标准。同时，云计算、物联网（ToT）、人工智能等新技术的应用促使数据标准化向更深层次和更广范围扩展，包括数据模型、元数据、数据质量等多个维度。在此阶段，数据标准化不再局限于技术层面，而是与数据治理、数据安全等管理策略紧密结合，形成了更为系统化的建设路径。

2014 年，全国信息技术标准化技术委员会（以下简称全国信标委）大数据标准工作组成立，标志着我国大数据标准化工作迈上了一个新台阶。工作组将通过标准化工作支撑大数据领域产业、应用和服务等各方面的有序化、规模化发展。

2015 年，中国政府对大数据的关注显著升级，政策环境向好。国家提出了标准体系的建设要求，发布了多项指导性文件和标准，如《促进大数据发展行动纲要》（国发〔2015〕50 号）等，明确了大数据标准化的方向和目标，促进了数据采集、处理、共享、安全等多方面的标准化工作。

2016 年，为加快推动政务信息系统互联和公共数据共享，增强政府公信力，提高行政效率，提升服务水平，充分发挥政务信息资源共享在深化改革、转变职能、创新管理中的重要作用，国务院发布《政务信息资源共享管理暂行办法》（国发〔2016〕51 号），用于规范政务部门间的政务信息资源共享工作，包括因履行职责需要使用其他政务部门政务信息资源和为其他政务部门提供政务信息资源的行为。

2017 年，工业和信息化部发布实施《大数据产业发展规划（2016—2020 年）》（工信部规〔2016〕412 号），明确提出加强大数据标准化顶层设计、逐步完善标准体系、发挥标准化对产业发展的重要支撑作用的相关要求。

2019 年，中国信通院发布了《数据标准管理白皮书》。数据标准及其管理作为多数国内组织开展数据治理的起点，又一次回到了大众的视野当中。

2023 年，全国信标委大数据标准工作组和全国信息安全标准化技术委员会（以下简称全国信安标委）大数据安全标准特别工作组发布了《大数据标准化白皮书（2023 版）》《大数据核心产品基准研究报告（2023 版）》《矿山大数据标准化白皮书（2023 版）》《大数据标准化应用案例汇编（2023 版）》《南方电网公司电力数据应用实践白皮书》等重点研究成果及应用实践，进一步完善了大数据标准体系，形成了一系列重要建议，为推进大数据标准化工作提供了有力支撑。

2023 年 10 月，国家数据局正式揭牌，标志着数据标准化工作进入新的发展阶段。国家数据局负责协调推进数据基础制度建设，统筹数据资源整合共享和开发利用，反映了国家对数据作为新型生产要素的高度重视。在此期间，不仅数据分类、数据安全、数据开放共享的标准得到进一步完善，而且面向特定行业和应用场景（如智慧城市、工业互联网）的数据标准也在加速制定和推广。

下一步，国家数据局将建立健全国家数据标准化体制机制，研究成立全国数据标准化技术委员会，统筹指导我国数据标准化工作，深入谋划“十五五”时期数据工作的主要任务。

综上所述，我国数据标准化正处于快速发展阶段，并依托政策支持和技术进步逐步实现数据的高效利用，促进我国数据基础资源优势转化为经济发展新优势。

1.2 我国生态环境数据现状

1.2.1 定义与分类

“生态环境”一词在 1982 年正式成为法定专有名词，并被载入《中华人民共和国宪法》正文中，至今仍在使用。有些学者把“生态环境”界定为“以整个生物界为中心，可以直接或间接影响人类生活和发展的自然因素和人工因素的环境系统”或“影响生态系统发展的各种生态因素”。《中华人民共和国环境保护法》（2014 版）将“环境”定义为“影响人类生存和发展的各种天然的和经过人工改造的自然因素的总体，包括大气、水、海洋、土地、矿藏、森林、草原、湿地、野生生物、自然遗迹、人文遗迹、自然保护区、风景名胜区、城市和乡村”。本书引用《深圳市生态环境局生态环境数据管理办法（试行）》（深环办〔2022〕30 号）对生态环境数据的定义，即在履行生态环境规划、调查、监测、评价、管理等相关职责过程中产生、采集和获取的以一定形式记录保存的文字、数字、图像、音频、视频等各类信息资源，包括生态环境质量数据、污染源数据、生态环境管理数据和从深圳市生态环境局以外的其他各级政府部门、第三方机构及互联网获取的数据。

例如，江西省地方标准《生态环境数据资源分类与目录编码规范》（DB36/T 1500—2021）按照生态环境要素将数据资源划分为水、大气、气候、声、土壤、固体废物、生态保护、核与辐射、污染源、环境污染防治和其他共 11 类。生态环境部发布的《生态环境统计管理办法》将生态环境数据分为生态环境质量、环境污染及其防治、生态保护、应对气候变化、核与辐射安全、生态环境管理及其他共 7 类。原环境保护部印发的《生态环境大数据建设总体方案》（环办厅〔2016〕23 号）将生态环境数据分为生态环境质量监测数据、污染物排放数据、风险评估数据、自然生态数据和监察执法数据共 5 类。张巍等（2022）根据内蒙古自治区现有生态环境数据基础，按照生态环境管理要素将生态环境数据分为环境质量数据、自然生态数据和污染源数据三类。

本书根据《深圳市生态环境局生态环境数据管理办法（试行）》，将深圳市生态环境数据按业务分为 4 个类别：①生态环境质量数据，指表征环境质量优劣程度的数据，包括水、大气、声、土壤、核与辐射、生态等生态环境要素类别的功能分区、监测、评价等数据；②污染源数据，指造成环境污染或向环境排放有害物质、对环境产生有害影响的发生源基本信息及监测数据，包括工业源、农业源、生活源、集中式污染治理设施等固定污染源数据和机动车、非道路源等移动污染源数据；③生态环境管理数据，指生态环境管理工作中产生的规划计划、管理制度、行政许可、环境监察、行政处罚、应急管理、政务管理、政策法规标准等有关管理类的数据；④其他数据，又称局外数据，指从深圳市生态环境局以外的其他各级政府部门、第三方机构及互联网获取的数据。

1.2.2　发展现状

我国生态环境大数据研究起步相对较晚。20 世纪 80 年代至 21 世纪初，我国环境信息技术快速发展，组织管理体系不断健全，信息网络基础设施不断完善，环境管理业务应用系统形成一定规模。经过“十一五”全面建设、“十二五”转型发展，环境管理进入信息化新阶段，为大数据技术的落地应用奠定了数据基础。2018 年以来，生态环境部党组提出并实施了一大批改革创新举措，组建网络安全与信息化领导小组及其办公室，独立设置信息中心，通过强化生态环境信息化标准体系建设工作，将“统一标准”列为生态环境信息化工作“四统一、五集中”总体要求之一。网络安全与信息化领导小组办公室设置综合管理组，专门负责统筹生态环境信息化标准工作，切实推进和落实统一规划、统一标准、统一建设、统一运维、数据集中、人员集中、技术集中、资金集中、管理集中等具体工作要求。

《生态环境大数据建设总体方案》和《2018—2020 年生态环境信息化建设方案》中提出要构建生态环境大数据、大平台、大系统，健全完善生态环境信息化工作体制机制，推动跨部门生态环境信息共享，强化数据分析和应用。2022 年 3 月，生态环境部印发了《“十四五”生态环境保护监管规划》（环生态〔2022〕15 号），提出要加快国家与地方在遥感数据、实地核查、生态监测、“三线一单”、排污许可、项目审批等方面的信息共享和业务协同，强化生态监测数据对相关业务系统的支持，完善生态监测数据共享服务和合作开发机制。2023 年 2 月，中共中央、国务院印发《数字中国建设整体布局规划》，提出到 2025 年数字生态文明建设取得积极进展。同时，要建设绿色智慧的数字生态文明：推动生态环境智慧治理，加快构建智慧高效的生态环境信息化体系，运用数字技术推动山水林田湖草沙一体化保护和系统治理，完善自然资源三维立体“一张图”和国土空间基础信息平台，构建以数字孪生流域为核心的智慧水利体系；加快数字化绿色化协同转型；倡导绿色智慧生活方式。

自“十三五”时期以来，随着《生态环境大数据建设总体方案》的实施，我国生态环境大数据逐步走上了快速发展的道路，赋能生态环境综合决策科学化、生态环境监管精准化、生态环境公共服务便民化。相关部门纷纷启动大数据建设工作，围绕生态环境管理制度、监测设备、数据处理分析、平台管理、业务应用等方面开展了不同层面的研究和应用，在生态环境监管、决策及服务等方面取得较大进展。当前，我国生态环境监测水平不断完善，大气、水和土壤等领域的监测网络系统初步形成，并且根据业务管理需要不断加大监测密度。我国初步建立的天地立体的生态环境监测系统融合了地面监测、卫星遥感、航空遥感、互联网等技术。我国生态环境大数据管理与处理能力不断提升，包括生态环境大数据的存储、整合、标准建设等。生态环境大数据存储管理方式主要有分布式文件系统、关系型数据库、非关系型数据库、数据仓库等。以 MapReduce、Hadoop 等为代表的技术平台和框架在我国生态环境大数据领域已开始应用，可以实现海量数据的批处理、存储和分析等。我国出台了数据交换规范和数据资源目录标准体系，水、大气、土壤、生态等相关数据开始逐步整合，在一定程度上促进了生态环境大数据在各业务部门间的共享和交换，提升了生态环境业务协同力度。我国生态环境大数据分析与应用能力不断提高。

从近几年国家到地方的探索实践来看，大数据正在给传统生态环境管理工作带来颠覆性变革，也在许多方面取得了优秀成果。在数据汇聚方面，纵向持续开展生态环境部、厅、局等垂直部门的数据交换，横向持续推进与气象、水利、电网等其他部门的数据交换，逐渐实现生态环境大数据资源池的构建；在数据治理方面，通过定义数据标准，有效解决了数据质量、数据命名与定义的冲突等问题，通过工具对数据进行全生存周期治理，实现了生态环境数据的可管、可信、可用；在数据应用方面，通过不断挖掘与分析数据，支撑现状分析、污染溯源、预报预测、精准治污等应用场景，充分发挥大数据在精准监管、科学决策及环境管理转型等方面的创新带动作用。

1.3　深圳市生态环境数据标准化建设历程

基于数据标准化的定义，结合我国生态环境数据的特点，本书认为生态环境数据标准化是指研究、制定和推广应用统一的生态环境数据分类分级、记录格式及转换、编码等技术标准的过程。生态环境数据包括生态环境质量数据、污染源数据、生态环境管理数据和其他数据。深圳市以先行示范标准扎实推进生态环境数据标准化建设，其建设历程如下：

1.3.1　建设发展历程

1. 深圳市以智慧城市建设推动数字化治理

深圳市作为国内首批新型智慧城市建设试点城市之一，从高水平建设数字政府起步，积极走在数字化城市建设前列，努力打造智慧化城市标杆。2018 年 7 月、2019 年 1 月深圳市人民政府先后印发了《深圳市新型智慧城市建设总体方案》（深府办〔2018〕47 号）和《深圳市城市大数据中心建设实施方案》，明确提出建设城市大数据中心，构建全市统一的“大数据湖”。其中，深圳市生态环境局负责生态环境主体建设，具体任务为“通过政务信息资源共享交换体系，将数据汇集到城市大数据中心并及时维护和更新，保障数据的完整性、准确性、时效性和可用性，为智慧城市建设提供坚实的数据支撑”。

2021 年 12 月，深圳市人民政府印发《深圳市生态环境保护“十四五”规划》（深府〔2021〕71 号），提出对接市政府管理服务指挥中心，构建生态环境治理“一网统管”体系，实现“一屏观全局、一网管全域”；加强与城市大数据中心连接，推动生态环境监测数据整合集成；升级生态环境大数据中心建设，优化生态环境数据质量管理、治理技术、标准规范和分析应用体系，提升数据管理、挖掘和分析应用能力。

2022 年 5 月，深圳市政务服务数据管理局、深圳市发展和改革委员会联合印发《深圳市数字政府和智慧城市“十四五”发展规划》（深政数〔2022〕38 号），提出数字政府、数字经济、数字社会和数字生态实现协同高质量发展，到 2025 年将深圳市打造成国际新型智慧城市标杆和“数字中国”城市典范，成为全球数字先锋城市。

2023 年 6 月，深圳市人民政府办公厅印发《深圳市数字孪生先锋城市建设行动计划（2023）》（深府办函〔2023〕42 号），明确提出要建设“数实融合、同生共长、实时交互、秒级响应”的数字孪生先锋城市，即建设一个一体协同的数字孪生底座，构建不少于 10 类数据相融合的孪生数据底板，上线承载超百个场景、超千项指标的数字孪生应用，打造万亿级核心产业增加值数字经济高地，建设国内领先、世界一流的智慧城市和数字政府，推动城市高质量发展。同年 12 月，深圳市生态环境局印发《2024 年深圳市生态环境保护工作要点》（深府办〔2023〕133 号），明确提出要构建美丽深圳数字化治理体系，持续推进生态环境领域“一网统管”体系建设，深化数字孪生、大数据、人工智能等数字技术应用，建设绿色智慧的数字生态文明，完善现代化生态环境监测体系和生态环境治理科技支撑。

2024 年 1 月，深圳市人民政府办公厅印发《2024 年推动高质量发展“十大计划”》（深府办〔2024〕2 号），指出要加快建设数字孪生先锋城市，实现生态环境数据空间落图 CIM 平台；分类深度梳理部门业务和数据资源，实现生态环境数据可视化展示并实时更新。

2. 数据标准化是数字化治理的“基石”

数据标准规范建设一直备受重视。2022 年 6 月，国务院印发《国务院关于加强数字政府建设的指导意见》（国发〔2022〕14 号），提出了“健全标准规范”的要求；同年 10 月，国务院办公厅印发《全国一体化政务大数据体系建设指南》（国办函〔2022〕102 号），再次提出建设“标准规范一体化”要求。在此背景下，2023 年 6 月印发的《广东省人民政府关于进一步深化数字政府改革建设的实施意见》（粤府〔2023〕47 号）明确提出“推进政务服务标准化建设”“健全标准规范体系”，实施“一数一源一标准”等，要求推动政务服务领域标准的编制和修订，加强标准规范的应用实施。深圳市作为改革开放重要窗口，在国家和广东省的指导下于 2021 年 12 月印发《深圳市生态环境保护“十四五”规划》，明确提出优化生态环境数据质量管理、治理技术、标准规范和分析应用体系，提升数据管理、挖掘和分析应用能力。2022 年 5 月，深圳市政务服务数据管理局、深圳市发展和改革委员会联合印发的《深圳市数字政府和智慧城市“十四五”发展规划》再次将“构建数据标准规范体系”等内容列入深圳市生态环境局责任分工的重点工作任务。《深圳市数字孪生先锋城市建设行动计划（2023）》和《2024 年推动高质量发展“十大计划”》分别提出要推进和深化“一数一源一标准”数据治理。

2021 年，深圳市人民政府办公厅印发《深圳市首席数据官制度试点实施方案》（深府办函〔2021〕71 号）。2022 年 5 月，深圳市生态环境局印发《深圳市生态环境局生态环境数据管理办法（试行）》。这两个文件为加强数据管理、推进数据标准化提供了有力抓手。

1.3.2　建设项目历程

深圳市的生态环境信息化建设起步较早。为满足生态环境部门不同阶段的业务需求，深圳市从 2000 年前后开始陆续建设了 80 余套环境保护业务系统，并因此积累了丰富的数据资源。但由于缺乏统一的顶层设计和开发管理，数据存在诸多问题，如结构分散、来源多样、标准不一、共享程度低等，数据壁垒、数据孤岛现象严重。基于深圳市生态环境局开展的数据标准建设相关项目，下文对深圳市生态环境大数据中心建设和生态环境数据标准体系建设情况展开介绍。

1. 深圳市生态环境大数据中心建设

2018 年，《深圳市新型智慧城市建设总体方案》出台，明确要求“建立陆海统筹、天地一体、上下协同、信息共享的生态环境监测网络，加强水、大气、声、固体废物、生态资源等环境资源数据汇集”。在此背景下，深圳市生态环境局开展了“深圳市智慧环保平台建设项目”，以完善深圳市生态环境政务、监管、服务和决策为重点，以服务社会、组织和公众为宗旨，全面加强大数据、区块链和人工智能等先进科技在环境信息化建设中的应用。智慧环保平台包括四大平台，即智慧环保监管平台、智慧环保应用平台、智慧环保服务平台和智慧环保政务平台，其中智慧环保监管平台包括固定污染源监管、行政处罚、执法智慧调度、环境应急管理、网格化环境监管、移动执法、机动车排污管理等 18 个模块，以污染源管理为核心，建立全生存周期的污染源动态信息库，构建从事件发现、指挥调度、执法处罚到结果反馈的闭环管理模式。开发统一的生态环境大数据中心被列为其中最重要的建设内容之一。

深圳市生态环境大数据中心于 2019 年年底开始建设，至 2022 年 9 月完成建设，初步实现了各类污染源、生态环境质量和生态环境管理数据的全面汇聚。目前，该中心已汇聚各类数据近 700 亿条，除生态环境部门外，还有水务、气象、住房和城乡建设、自然资源等 15 个部门的重要数据接入，在与省、市、区及其他部门的数据平台之间开发了 400 多个共享接口，数据共享通道畅顺。深圳市生态环境大数据中心通过统一的数据支撑和决策分析支持，保障了智慧环保平台上 48 个应用系统的有效运行，覆盖了大多数生态环境业务，在新冠疫情防控、污染防治攻坚、“无废城市”建设、执法指挥调度等重要工作中发挥了积极作用。

数据汇聚方面，在深圳市原有 80 余套已建的环境保护业务系统中，大部分系统年代久远，数据结构和数据定义不一致、内容费解、数据字典缺失，数据汇聚面临很大困难。为解决这一问题，深圳市通过大量的调研和协调工作，制定了一套标准的数据汇聚方案，编制了覆盖生态环境业务及相关领域的通用数据字典，在此基础上完成了 80 余个历史数据库、1 万余张历史数据表的数据汇聚工作。

数据资源规划方面，深圳市运用信息资源规划（information resource planning，IRP）理论，将生态环境数据系统性地整理出 12 个业务大类 729 个业务小类，并按照政务管理、社会服务、污染源监管、环境质量管理应用四大类型划分出 52 个业务职能域，然后对每个职能域的用户视图、数据流进行具体规划，形成职能域的数据元素集。

数据标准规范方面，深圳市在相关法律法规和国内相关数据标准的基础上建立了一套智慧环保数据标准体系，包括数据元管理规范、共享数据规范、元数据管理规范、资源目录标准体系、数据安全管理规范、数据质量管理规范、公共代码管理规范、空间地理信息管理规范等，以保障数据定义和使用的一致性。

数据质量控制方面，深圳市生态环境大数据中心在开发前以元数据为基础构建了一套完整的标准化的元数据管理规范，建立了完整的数据表述体系，形成了 128 个公共数据元、1 750 个环保数据元；同时，配套形成了六大数据管理要求，以实现管理数据的完整性、有效性、一致性、唯一性、正确性、准确性、充足性，形成有效的数据质量控制机制。

2. 生态环境数据标准体系建设

随着污染源监管业务的开展，深圳市持续加大智慧环保监管平台的建设力度，不断完善多环境要素的物联感知端、精准协同的指挥端及高效运转的处理端，构建可视、可溯、可靠的智慧监管模式，有效提升了全市的污染源精准监管水平。但有些方面仍需加强，如深圳市智慧环保平台建设项目虽然已开展了数据标准、目录、关联、质量控制等数据治理方面的初步设计，但仍需开展实际的数据清理工作，与现有的数据管理工作充分整合，解决各部门数据标准不一致、数据信息孤岛、数据时效性差等问题，使污染源数据资源价值充分发挥。

因此，深圳市着手开展污染源数据治理工作，通过深入调研深圳市污染源数据现状，提炼生态污染源的重点需求，探讨污染源数据治理分步实施路径，并通过关键数据的治理工作试点形成了一套规范化的污染源数据治理模式。

当前，深圳市污染源数据治理已取得初步成效。2021 年，深圳市以污染源基础数据为突破口，针对污染源数据质量中存在的不一致、不准确、不完整、不规范、不关联等问题，精准制定了 13 类数据治理规则，打通了环境影响评价、污染源普查、排污许可管理、环境统计、执法监督、行政处罚等相关污染源管理业务之间的关系。2022 年，深圳市初步解决了重点污染源数据本身存在的信息孤岛、数据碎片化、关联性差、缺乏统一标准、数据不准确等问题，明晰了市区级数据互通、互补、及时流转与共享应用的方式方法，形成了一套独具深圳特色的污染源数据治理标准体系，为污染源数据全生存周期治理工作的开展奠定了坚实基础。2023 年，深圳市初步完成了《深圳市生态环境数据标准编制规范》《深圳市污染源数据字典集》的编制，为后续数据标准的制定和数据标准化的实践奠定了基础。

参考文献

[1] 许磊. 银行业金融机构监管数据标准化规范（EAST5. 0）探索与分析[J]. 中国金融电脑，2022（10）：71-75.

[2] 王运涛，王国强，王桥，等. 我国生态环境大数据发展现状与展望[J]. 中国工程科学，2022，24（5）：56-62.

[3] 潘润红. 人民银行首次发布中国金融标准化报告[J]. 金融电子化，2010（12）：44.

[4] 王开胜，徐春祥，巫明，等. 农商银行系统数据标准建设探索实践[C]//中国标准化协会，郑州市人民政府. 第十六届中国标准化论坛论文集. 安徽省农村信用社联合社，2019.

[5] 王泰临. 浅析我国银行业数据标准化的建设与发展[C]//中国标准化协会. 第十八届中国标准化论坛论文集. 中国工商银行业务研发中心，2021.

[6] 祝守宇，蔡春久，等. 数据标准化：企业数据治理的基石[M]. 北京：电子工业出版社，2023.

[7] 毛庆国. 深圳市生态环境大数据中心开发技术探讨[J]. 环境，2023（3）：78-80.

[8] 中华人民共和国国家质量监督检验检疫总局. 标准化工作指南 第 1 部分：标准化和相关活动的通用术语：GB/T 20000. 1—2014[S]. 北京：中国标准出版社，2014.

[9] 全国人民代表大会常务委员会. 中华人民共和国标准化法[EB/OL].（2017-11-04）[2024-10-29]. http：//www. npc. gov. cn/zgrdw/npc/xinwen/2017-11/04/content_2031446. htm.

[10] 中国人民银行. 中国人民银行首次发布中国金融标准化报告[EB/OL].（2010-12-07）[2024-10-29]. https：//www. gov. cn/gzdt/2010-12/07/content_1761057. htm.

[11] 中国信息通信研究院云计算与大数据研究所，大数据技术标准推进委员会. 数据标准管理实践白皮书[EB/OL].（2019-12-10）[2024-10-29]. http：//www. cbdio. com/BigData/2019-12/16/content_6153467. htm.

[12] 全国人民代表大会常务委员会. 中华人民共和国环境保护法[EB/OL].（2012-11-13）[2024-10-29]. https：//www.gov.cn/bumenfuwu/2012-11/13/content_2601277. htm.

[13] 江西省生态环境厅. 生态环境数据资源分类与目录编码规范：DB36/T 1500—2021[S]. 2021.

[14] 生态环境部. 生态环境统计管理办法[EB/OL].（2023-01-18）[2024-10-29]. https：//www. mee. gov. cn/gzk/gz/202301/t20230119_1013882. shtml.

[15] 环境保护部办公厅. 生态环境大数据建设总体方案[EB/OL].（2016-03-07）[2024-10-29]. https：//www. mee.gov.cn/gkml/hbb/bgt/201603/t20160311_332712. htm.

[16] 张巍，金鹏，李瑞强，等. 内蒙古自治区环境信息资源目录体系建设研究[J]. 环境与发展，2022，34（6）：99-103.

第 2 章

生态环境数据标准化面临的挑战

2.1 生态环境数据特点

目前，我国的生态环境数据具有以下多方面特征，在采集、治理、存储和可视化等方面面临特殊的挑战。

一是来源广。我国生态环境数据按来源途径可分为生态环境主管部门数据、行业数据、相关部门数据和互联网数据。其中，生态环境主管部门数据包括指标性监测监控数据、状态性环境管理过程数据、非结构化影像数据、空间化遥感数据、类型多样的科研数据、二次加工产品数据等；行业数据包括环境基础设施管理运营数据、组织工况设备状态数据等；相关部门数据包括气象云图、水利管网、国土地图、工商法人、交通流量、能源消费等相关部门所拥有的与生态环境保护相关的数据；互联网数据涉及环保的舆情数据、与人的活动相关的亿级移动终端传感数据、多源公开数据、可交易数据等。

二是类型多。从生态要素来看，生态环境数据涉及水、大气、土壤、噪声、固体废物、辐射等；从更新频率来看，生态环境数据分为分、时、日、周、月、季度、半年等频率更新或不定期更新；从数据格式来看，生态环境数据包括表格等结构化数据和文本、图像、视频等非结构化数据。

三是体量大。随着以 5G、云计算、大数据、人工智能、区块链等为代表的新一代信息技术的飞速发展，国家、省、市及县（区）级生态环境主管部门根据业务分类和监管需求建设了不同的生态环境数据系统和数据库，拥有大量不同来源、不同类型和长时间跨度的数据，而且这些数据仍在不断地动态更新。

四是格式不一。由于前期缺乏统一的顶层设计，生态环境领域各部门根据自身的业务需求设定了不同的数据标准，各类数据分散在架构不统一、开发语言不一致、数据库多样化的系统中，导致数据格式多样化、数据质量参差不齐。

五是采集方式多样。数据不仅可以通过传感器、环境监控监测仪器设备等底层物联网层采集，还可以通过信息系统、交换平台系统进行数据集成，也可以采购、搜集外部的气象、交通、煤炭、政策等数据，这体现了数据来源的广泛性和采集方式的多样性。

六是信息化程度较高。生态环境数据的信息化程度较高，其数据类型包括结构化、非结构化、半结构化，因此在治理过程中应更加关注数据的完整性、准确性、真实性，不能随意去除异常数据，必要时还需修复数据，这体现了数据治理的严谨性和对数据质量要求的严格性。

七是数据存储复杂。非结构化、半结构化数据在生态环境数据中占主导地位，因其点位多、数据量大，存储的复杂性也在增加，从而对存储技术和解决方案提出了更高要求。

八是可视化应用独特。在可视化方面，除了分析结果的可视化，生态环境数据更侧重数据应用场景的 3D 可视化，特别是在环境监测及实时监控等场景中，这种特定性使数据可视化更具实用性和直观性。

九是建模分析要求高。利用大数据与人工智能算法，结合环境分析模型进行综合分析，这种方法对结果的准确性与精确度要求很高，这体现了建模分析在生态环境数据中的核心地位和对分析结果的高质量要求。

十是反馈的实时性强。实时预警场景多，要求系统、监测、控制设备能够自动反馈信息，形成闭环控制，这种实时性和闭环性对于生态环境保护和管理的及时性、有效性至关重要。

2.2 生态环境数据标准化难点

数据标准是一经制定及发布后相对稳定的静态文件，而数据标准化是一项带有系统性、复杂性、困难性、长期性特征的动态管理工作，是对数据标准在某种程度上的落地。当前，生态环境保护业务涉及各类数据，需要对数据进行规范，生态环境主管部门在推进数据标准化过程中仍然面临较多困难和挑战，使数据标准化的效果难以体现。

1. 生态环境数据的标准化体系尚不完善

我国在生态环境信息标准化体系的建设上已经取得了显著进展，其中《生态环境信息化标准体系指南》（HJ 511—2024）为整个领域提供了关键指导。然而，在生态环境数据领域，尽管其对于环境保护的潜在价值日益受到重视，但相应的标准化体系、具体指南和框架仍显不足，且缺乏针对实际操作层面的规范性文件。目前，标准化体系中提及的数据标准子体系尚缺乏专门的指南和框架，使生态环境数据的有效利用和管理受到一定限制，其价值在生态环境保护中未能得到充分发挥；同时，缺乏明确的操作规范也增加了数据处理过程中的难度和错误风险。因此，完善生态环境数据的标准化体系、制定相关指南和框架并出台具体的操作规范文件是当前亟待解决的问题。

2. 数据标准共识形成难

数据治理和数据标准化工作中，业务部门的参与度不高，无论是标准制定还是标准实施都难以形成广泛、明确的共识，导致数据标准的研制效率低、可用性差。各部门对数据标准存在认知上的局限性。数据标准化是信息技术标准化的重要组成部分，也是保障各类业务协同和共享的基础。由于建设数据标准体系是一个持续改进和提升的过程，数据效益会在这个持续过程中慢慢体现。然而，目前各部门对生态环境数据共享工作的重视不够，各部门已建、在建的生态环境信息系统只针对自身业务开展数据库建设，只愿意对与自身业务相关的数据进行质量管理和成本投入，因此存在对推行数据标准的效果期望值不高的情况。此外，数据标准发布后，各部门面对大量的历史数据需要进行统一处理，自然会存在抵触和畏难心理，难以有效推动数据标准的规范落地。

3. 存量系统标准化改造难

当新的生态环境数据标准出台后，新开发的系统固然能够直接采纳并遵循这些标准，但生态环境部门正在运行的业务系统却面临严峻考验。如何确保这些在用系统能够与新数据标准顺利对接，同时保障系统的运行不受干扰，是数据标准化过程中的核心难题之一。生态环境数据来源广、类型多、体量大，尤其是生态环境部门在已建有大量历史系统的情况下，按照原有的技术标准和管理习惯已运转很长时间，数据标准化工作不仅要完成标准文本的制定，还必须深入考量新标准执行对既有业务流程的潜在影响，包括维护业务稳定性、筹划系统改造升级，乃至需要考虑系统更替的复杂性，这些都是推进数据标准化不可忽视的重大挑战。

4. 数据标准化落地执行难

随着我国生态环境保护事业的快速发展，源自各级生态环境部门、技术单位和研发机构的生态环境数据资产不断累积，并普遍面临一个共性问题：缺乏统一的数据标准规范。这一现状直接导致这些数据在不同业务系统间采集时，内容、定义、结构乃至表述方式不一致，形成了一个个“数据孤岛”。要将发布的数据标准从纸面落到实处，其复杂程度远非单纯的条文编纂所能概括。它要求具备一套精细的落地计划，需要技术部门与业务部门的紧密协同，以及系统开发商的技术支持，更重要的是，需要得到管理层自上而下的强力推动与持续关注。没有这一系列的配合与支持，即使是最完善的数据标准也只能是空中楼阁，难以在实际操作中生根发芽。因此，构建一套既符合实操需求又具备可执行性的落地方案成为当前生态环境数据标准化进程中亟待攻克的重点难关。

5. 数据标准化持续维持难

构建与维护一个全面、高效的数据标准体系，不仅涉及面广、周期长，而且成效显现缓慢，需要持之以恒的投入与不懈努力，这无疑对持续的资源投入与不懈怠的管理提出了严格要求。一方面，许多部门在启动数据标准化项目时往往低估了任务规模的庞大，误以为能通过单一项目一劳永逸地解决所有问题。这种认知偏差导致其在推进过程中遭遇越来越多的阻力与困难，最初的热情与辛劳搜集整理的成果未能在日常管理和实际操作中发挥其应有的价值。另一方面，数据标准落地所具有的长期性、复杂性、系统性的特点要求负责推动这一进程的组织机构必须具备高水平的管理能力，并保持组织结构的持续稳定。唯有如此，方能确保数据标准化工作的稳步前行与持续深化，避免因组织变动或管理能力不足导致的中断与停滞，真正实现数据标准化的长远价值与目标。

2.3 生态环境数据标准化需求

1. 数据标准体系建设

数据标准作为数据管理的重要基础，为生态环境监管的业务、技术和管理提供了服务和支持。在业务方面，通过对数据的标准化定义，使数据在整个机构拥有统一的定义，消除数据的二义性，提升生态环境管理的效率；在技术方面，数据的标准化可以促进机构数据共享，提升业务系统的开发效率，提高数据质量；在管理方面，通过数据的标准化定义可以明确数据的责任主体，为各业务主体的数据分析提供支持，提升数据处理和分析的效率，实现数据驱动管理。

如果缺乏统一的数据标准，可能产生以下问题。首先，生态环境数据在采集、传输、存储、使用和修改过程中的一致性和准确性无法保证，导致数据混乱和失真；其次，不一致和不准确的生态环境数据不利于不同部门间、不同层级政府间及第三方机构的数据共享和数据资源的有效整合与利用；最后，若生态环境数据无法从源头进行规范，进入信息系统的生态环境数据的质量就会参差不齐，从而难以为生态环境保护、污染防治、资源合理利用等决策提供科学依据。因此，数据标准体系建设是数据管理的基础。

数据标准体系可以从管理组织、管理流程、管理工具 3 个方面构建：在管理组织上，其架构因数据系统的复杂程度和标准管理需求而异；在管理流程上，一般包括需求分析、标准编制、标准审核、标准发布、落实与反馈 5 个部分；在管理工具上，主要有数据标准定义工具、数据标准实施工具、数据标准维护工具、报告与可视化工具、工作流与协作功能等。

2. 数据质量管理体系建设

数据质量问题贯穿数据全生存周期，覆盖技术、流程、管理和规范等各个环节。因数据质量不高造成的数据获取难、数据使用难及对数据质量的评估考核难等问题普遍存在，部分生态环境数据也存在不规范、不完整、不准确、不一致、不及时和有效性差的问题。因此，生态环境部门需要结合业务实际，构建科学、完整的数据质量管理和评估体系，形成数据质量的闭环管理和长效检查机制，从而有效识别数据质量问题并实现有针对性的整改提升。

数据质量管理体系可以从数据质量调研、数据质量检查、数据质量提升、数据质量评估和数据质量管理工具 5 个方面构建。其中，数据质量调研的内容包括明确数据质量管理目标、识别关键数据、确定质量标准、评估数据质量水平、评估数据质量改进的成本、发布数据质量管理工作的基线报告；数据质量检查的内容包括明晰检查对象、制定检查规则、明确检查方法；数据质量提升的内容包括数据根因分析和问题处理；数据质量评估的内容包括从技术和业务两个角度分别制定评价方法，进行数据质量评估；数据质量管理工具主要有数据质量评估工具、数据清洗与校正工具。

3. 数据管理体系建设

组织可以通过规划、实施和持续优化等方式构建一套全面、系统、科学的数据管理体系，以实现对数据的全生存周期管理，提升数据质量，保障数据安全，并充分发挥数据价值。目前，已知的国内外数据管理模型约有20个，包括质量管理标准体系（ISO 9000）、全面质量管理体系（TQM）、产品和服务绩效模型（PSP/IQ）和软件能力成熟度集成模型（CMMI）4个通用体系/模型，数据质量标准体系（ISO 8000）、全面数据质量管理体系（TDQM）和元模型驱动架构（MDA）3个单一领域体系，数据管理知识体系（DMBOK）、数据管理能力成熟度评估模型（DCMM）、数据管理成熟度模型（DMM）、数据安全成熟度模型（DSMM）、DGI数据治理研究所治理理论和IBM数据治理要素模型6个数据管理（治理）完整体系，以及数据资产管理实践框架（白皮书2.0）、电信行业实践框架、金融行业实践框架、互联网行业实践框架等7个行业实践框架。以DCMM为例，其按照组织、制度、流程、技术对数据管理能力进行分析和总结，定义了数据战略、数据治理、数据架构、数据应用、数据安全、数据质量、数据标准和数据生存周期8个核心能力域，细分为28个能力项和445条能力等级标准，相关组织可根据此要求结合实际情况开展数据管理体系建设。

参考文献

[1] 史丛丛，张媛，逄锦山，等. 政务数据标准化研究[J]. 信息技术与标准化，2020（10）：9-11.

[2] 王世汶，徐欣馨，陈青，等. 构建生态环境大数据体系，助力精准治污与科学治污[J]. 中国发展观察，2022（5）：91-95.

[3] 生态环境部办公厅，生态环境部法规与标准司. 生态环境信息化标准体系指南：HJ 511—2024[S]. 北京：生态环境部环境标准研究所，2024.

第 3 章 生态环境数据标准化方法概述

3.1 政策支撑

3.1.1 标准化相关政策

1988 年 12 月，第七届全国人民代表大会常务委员会通过了《中华人民共和国标准化法》，并以国家主席令颁布，这标志着我国的标准化工作进入法制管理的轨道。目前，我国已发布了一系列国家标准，如《标准化工作导则》（GB/T 1）、《标准化工作指南》（GB/T 20000）、《标准编写规则》（GB/T 20001）、《标准中特定内容的起草》（GB/T 20002）、《标准制定的特殊程序》（GB/T 20003）和《团体标准化》（GB/T 20004），确立了我国各层次标准化活动开展的基础性和通用性准则，为标准化活动的开展提供了一般性、原则性、方向性的信息、指导或建议。这些标准共同构成了我国标准化工作的基础性支撑体系，在推动标准化工作、提升国家治理能力和促进经济社会高质量发展中发挥着至关重要的作用。

2021 年 10 月，中共中央、国务院印发《国家标准化发展纲要》，将标准化纳入国家战略，指出“到 2025 年，实现标准供给由政府主导向政府与市场并重转变，标准运用由产业与贸易为主向经济社会全域转变，标准化工作由国内驱动向国内国际相互促进转变，标准化发展由数量规模型向质量效益型转变。标准化更加有效推动国家综合竞争力提升，促进经济社会高质量发展，在构建新发展格局中发挥更大作用”，为我国标准化工作提供了总体要求和发展目标，强调了标准化在推进国家治理体系和治理能力现代化中的基础性和引领性作用。

3.1.2 数据标准化相关政策

在政务数据标准方面，我国相关部门制定了《政务信息资源目录体系 第 1 部分：总体框架》（GB/T 21063.1—2007）等 6 项系列标准、《政务信息资源交换体系 第 1 部分：总体框架》（GB/T 21062.1—2007）等 4 项系列标准、《信息技术 大数据 工业产品核心元数据》（GB/T 38555—2020）等多项数据标准化相关国家标准。“十四五”期间，中共中央、国务院高度重视数据标准规范建设，其中以《“十四五”大数据产业发展规划》（工信部规〔2021〕179 号）、《“十四五”数字经济发展规划》（国发〔2021〕29 号）为指导思想，明确了数字经济发展要以数字技术与实体经济深度融合为主线，赋能传统产业转型升级，相关工作均对大数据标准化工作提出了新的要求。

2021 年，工业和信息化部发布《“十四五”大数据产业发展规划》，明确强调加强数据“高质量”治理、推动 DCMM 国家标准贯标。工业和信息化部近期印发的《企业数据管理国家标准贯标工作方案》构建了“上下齐动、区域联动、行业互动、企业主动”的贯标工作体系，在全国遴选了 14 个试点地区和 10 个试点行业，充分发挥其带头作用，围绕组织领导、政策引导、资金支持、服务体系等方面提出了具体要求，积极推动 DCMM 贯标。目前，国家、部委、省市、行业协同推动 DCMM 贯标新格局逐步形成。

2022 年 6 月，国务院印发《国务院关于加强数字政府建设的指导意见》，提出“健全标准规范”的要求，即推进数据开发利用、系统整合共享、共性办公应用、关键政务应用等标准制定，持续完善已有关键标准，推动构建多维标准规范体系。同年 10 月，国务院办公厅印发《全国一体化政务大数据体系建设指南》，再次提出建设的“标准规范一体化”要求，即编制政务数据目录、数据元、数据分类分级、数据质量管理、数据安全管理等政务数据标准规范，助力数据资源实现有序流通、高效配置。

2023 年，全国信标委大数据标准工作组和全国信安标委大数据安全标准特别工作组发布了《大数据标准化白皮书（2023 版）》《大数据核心产品基准研究报告（2023 版）》《矿山大数据标准化白皮书（2023 版）》《大数据标准化应用案例汇编（2023 版）》《南方电网公司电力数据应用实践白皮书》等重点研究成果及应用实践，进一步完善了大数据标准体系，形成了一系列重要建议，为推进大数据标准化工作提供了有力支撑。

2023 年 10 月，国家数据局正式揭牌，标志着数据标准化工作进入了新的发展阶段。

国家数据局局长刘烈宏表示，将建立健全国家数据标准化体制机制，研究成立全国数据标准化技术委员会，统筹指导我国数据标准化工作，加快研究制定一批数据领域国家和行业标准。

3.1.3　生态环境数据标准化相关政策

通过标准化途径可以规范生态环境数据，整合数据资源，促进各方达成共识，加快数据与标准的深度融合，为数据安全应用提供保障，促进大数据产业发展，对落实大数据国家战略具有重要意义，因此如何创造性地将标准化理念、原理、原则和方法引入生态环境数据管理中变得至关重要。

2014 年 4 月 24 日，十二届全国人大常委会第八次会议表决通过了《中华人民共和国环境保护法》（修订草案），落实新修订的《中华人民共和国环境保护法》离不开环境信息化的支撑与服务，且环境信息化发展已经到了亟须改变“信息烟囱”和“数据孤岛”的局面，以实现不同业务系统之间、国家与地方业务系统之间的数据交换和信息共享。在此背景下，原环境保护部副部长吴晓青提出了环境信息化建设与发展要实现“整合、共享、畅通”的目标。同年，为落实“整合、共享、畅通”六字总要求的基础保障，一体化规划、系统性整体化推进高水平的环境信息化建设，环境保护部首次发布了《环境信息共享互联互通平台总体框架技术规范》（HJ 718—2014）、《环境信息系统数据库访问接口规范》（HJ 719—2014）、《环境信息元数据规范》（HJ 720—2017）、《环境数据集加工汇交流程》（HJ 721—2014）、《环境数据集说明文档格式》（HJ 722—2014）、《环境信息数据字典规范》（HJ 723—2014）、《环境基础空间数据加工处理技术规范》（HJ 724—2014）、《环境信息网络验收规范》（HJ 725—2014）、《环境空间数据交换技术规范》（HJ 726—2014）、《环境信息交换技术规范》（HJ 727—2014）、《环境信息系统测试与验收规范——软件部分》（HJ 728—2014）、《环境信息系统安全技术规范》（HJ 729—2014）12 项国家环境信息标准。环境信息标准将信息技术与环保需求有机融合，通过对总体框架、数据交换、数据格式、数据接口、数据规范等进行详细规范，促进了环境信息互通共享，为信息化发展提供了支撑，系统性、整体化地推动了环境信息化工作。

2015—2016 年，《促进大数据发展行动纲要》和《生态环境大数据建设总体方案》等文件发布，要求构建“互联网+”绿色生态，实现生态环境数据互联互通和开放共享，进一步强调加强顶层设计和统筹协调，健全大数据标准规范体系，保障数据准确性、一致性和真实性。

2024 年 1 月，生态环境部发布《生态环境信息化标准体系指南》和《固定污染源基本数据集　第 1 部分　基础信息》（HJ 1346.1—2024）2 项国家生态环境标准，这是针对生态环境信息化和固定污染源数据管理的具体技术规范，表明国家已经开始着手解决生态环境数据标准化的问题。其中，《生态环境信息化标准体系指南》是生态环境信息化标准工作的顶层设计，规定生态环境信息化标准体系的层次结构由总体标准、应用标准、应用支撑标准、数据标准、基础设施标准、网络和数据安全标准及管理标准 7 个子体系组成，同时明确了各子体系之间的逻辑关系和子体系的定义与内容；《固定污染源基本数据集　第 1 部分　基础信息》规定了固定污染源基础信息数据集和相关数据元的元数据技术要求，适用于固定污染源基础信息的采集、存储、加工和共享，以及相关信息系统的开发与使用。

3.2　理论溯源

生态环境数据标准化建设是顺应时代发展、提升生态环境治理水平的必然要求，是新时期生态环境高质量发展的内在需要。在数据采集、存储、分析与应用之前，通常需要先将数据标准化，只有标准化的数据才更具有开发利用价值。在当前城市大数据应用方面，数据标准化的核心就是建立制度规范，以及对数据元和元数据进行统一定义。与此同时，数据标准化也是企业或组织对数据的定义、组织、监督和保护进行规范的过程。

目前，国内外对生态环境数据的标准化尚未形成明确的定义。数据标准是进行数据标准化的主要依据，构建一套完整的数据标准体系是开展数据标准化的良好基础，有利于提升数据底层的互通性和数据的可用性。

在国际层面，ISO、IEC 等国际标准化组织均已开展数据标准建设工作，在数据治理方面发布了《信息技术　IT 治理　数据治理　第 1 部分：ISO/IEC 38500 在数据治理中的应用》（ISO/IEC 38505-1：2017）等标准。与此同时，美国、欧盟、英国、新加坡和日本等国家和地区发布了元数据、数据开放、数据质量等方面的标准，数据管理相关国际组织已提出 DAMA 数据管理知识体系（DAMA-DMBOK2）、数据管理成熟度模型

（DMM）、数据管理能力评价模型（DCAM）、IBM 数据治理成熟度模型等，指导组织或组织数据管理工作有序开展，并对数据标准提出了新的要求。

在国内层面，2018 年 6 月，《信息技术服务　治理　第 5 部分：数据治理规范》（GB/T 34960.5—2018）发布并于 2019 年 1 月实施。该标准提出了数据治理的总则和框架，规定了数据治理的顶层设计、数据治理环境、数据治理域及数据治理过程的要求，适用于数据治理现状的自我评估，数据治理体系的建立，数据治理域和过程的明确，数据治理实施落地的指导，数据治理相关的软件或解决方案的研发、选择和评价，数据治理能力和绩效的内部、外部和第三方评价。同年 10 月，全国信标委大数据标准工作组、全国信安标委等积极开展数据标准化工作，充分吸收国际数据标准化理论研究的优点，结合中国组织实际发展提出了《数据管理能力成熟度评估模型》（GB/T 36073—2018），后又制定了《信息技术　大数据　政务数据开放共享　第 1 部分：总则》（GB/T 38664.1—2020）等多项大数据领域国家标准，并于 2023 年发布了《大数据标准化白皮书（2023 版）》《大数据核心产品基准研究报告（2023 版）》《矿山大数据标准化白皮书（2023 版）》《大数据标准化应用案例汇编（2023 版）》《南方电网公司电力数据应用实践白皮书》等重点研究成果及应用实践。2024 年 5 月，《信息技术　大数据　数据治理实施指南》（GB/T 44109—2024）发布，提供了大数据环境下开展数据治理实施的过程指南，包括规划、执行、评价和改进 4 个过程的相关活动及内容，进一步完善了数据治理标准体系，形成了一系列重要建议，为推进数据标准化工作提供了有力支撑。

本书将生态环境数据标准化定义为研究、制定和推广应用统一的生态环境数据分类分级、记录格式及转换、编码等技术标准的过程。生态环境数据标准化是一项复杂的巨大工程，需要认清其自身特点才能有效推动数据标准化工作，下面对生态环境数据标准化过程中具有指导性意义的相关数据标准体系规范进行详细介绍。

3.2.1　数据治理规范

《信息技术服务　治理》（GB/T 34960）中提出的数据治理架构由顶层设计、数据治理环境、数据治理域、数据治理过程 4 个部分构成（图 3-1）。其中，顶层设计包含与数据相关的战略规划、组织构建和架构设计，是数据治理实施的基础。

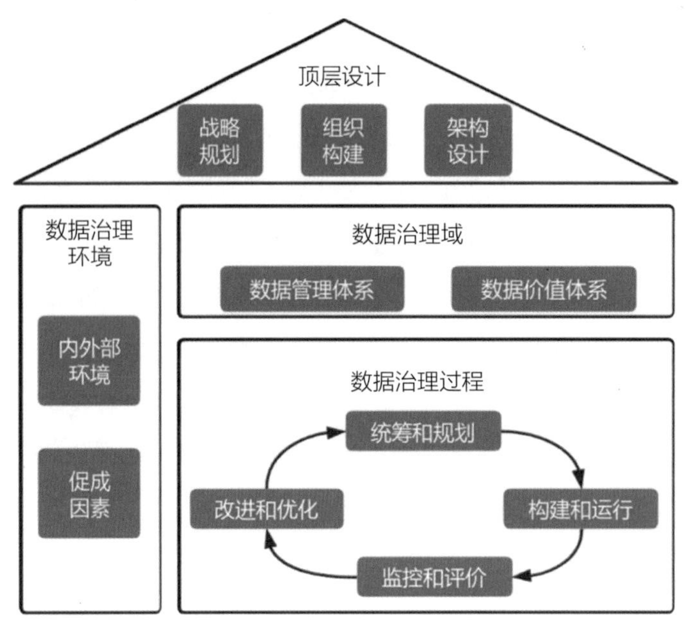

图 3-1 GB/T 34960 数据治理架构

战略规划应保持与业务规划、信息技术规划一致，并明确实施策略，至少应理解业务规划和信息技术规划，调研相关需求并评估数据现状、技术现状、应用现状；制定数据战略规划，包含但不限于愿景、目标、任务、内容、边界、环境和蓝图等；指导数据治理方案的建立，包含但不限于实施主体、责权利、技术方案、管控方案、实施策略和实施路线等，并明确数据管理体系和数据价值体系；明确风险偏好、符合性、绩效和审计等要求，监控和评价数据治理的实施并持续改进。

组织构建应聚焦责任主体及责权利，通过完善组织机制，获得利益相关方的理解和支持，制定数据管理的流程和制度以支撑数据治理的实施，至少应建立支撑数据战略的组织机构和组织机制，明确相关的实施原则和策略；明确决策和实施机构，设立岗位并明确角色，确保责权利的一致；建立相关授权、决策和沟通机制，保证利益相关方理解、接受相应的职责和权利；实现决策、执行、控制和监督等职能，评估运行绩效并持续改进和优化。

架构设计应关注技术架构、应用架构和架构管理体系等，通过持续地评估、改进和优化支撑数据的应用和服务，至少应建立与战略一致的数据架构，明确技术方向、管理策略和支撑体系，以满足数据管理、数据流通、数据服务和数据洞察的应用需求；评估数据架构设计的合理性和先进性，监督数据架构的管理和应用；评估数据架构的管理机制和有效性，并持续改进和优化。

数据标准化可作为数据治理的一个组成部分。数据治理确保了数据管理的整体框架和策略，而数据标准化是在这个框架下对数据进行具体处理的一种技术手段。因此，GB/T 34960 提出的数据治理顶层设计是数据治理实施的基础，也是数据标准化实施的基础，能够为生态环境数据标准化提供指导和整体战略思考。

3.2.2　数据标准能力域

《数据管理能力成熟度评估模型》是在国家标准化管理委员会指导下，由全国信标委编制的一份国家标准，于 2018 年发布并实施，是我国数据管理领域最佳实践的总结和提升。该标准提出的数据管理能力成熟度评估模型（DCMM）按照组织、制度、流程、技术对数据管理能力进行了分析和总结，定义了数据战略、数据治理、数据架构、数据应用、数据安全、数据质量、数据标准和数据生存周期 8 个核心能力域，细分为 28 个能力项和 445 条能力等级标准。

DCMM 提出的数据标准能力域涉及业务术语、参考数据和主数据、数据元、指标数据 4 个方面的能力项，并给出了每个具体能力项的概述、过程描述和过程目标等内容，为数据标准化工作提供了全面的实施步骤指导（图 3-2、表 3-1）。

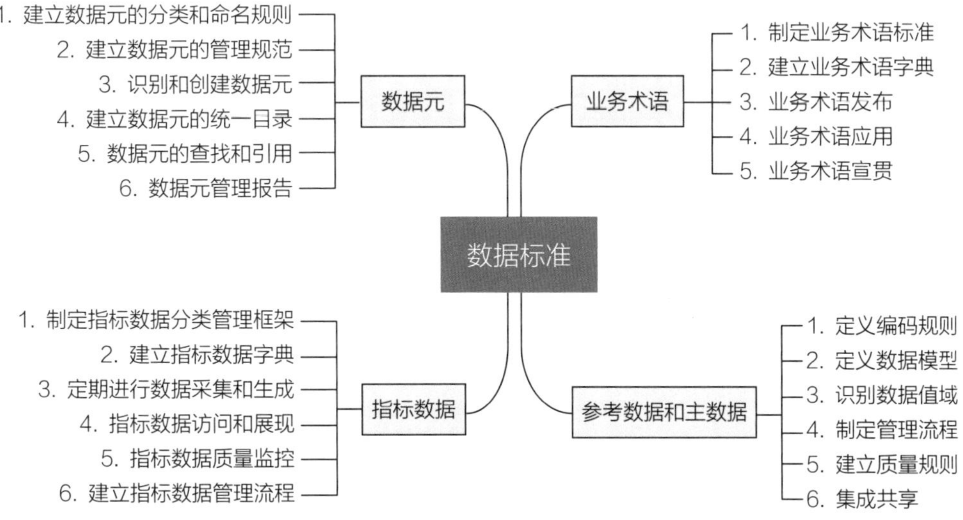

图 3-2　数据标准能力域过程实施工作要点

表 3-1 数据标准能力域的四大能力项

序号	能力项	概述	过程描述	过程目标
1	业务术语	业务术语即对组织中业务概念的描述，包括中文名称、英文名称、术语定义等内容。业务数据管理就是制定统一的管理制度和流程，并对业务术语的创建、维护和发布进行统一管理，进而推动业务术语的共享和组织内部的应用。业务术语是组织内部理解数据、应用数据的基础。通过对业务术语的管理能保证组织内部对具体技术名词理解的一致性	● 制定业务术语标准，同时制定业务术语管理制度，包含组织、人员职责、应用原则等； ● 建立业务术语字典，组织中已定义并审批和发布的术语集合； ● 业务术语发布，业务术语变更后应及时进行审批并通过邮件、网站、文件等形式进行发布； ● 业务术语应用，在数据模型建设、数据需求描述、数据标准定义等过程中引用业务术语； ● 业务术语宣贯，组织内部介绍、推广已定义的业务术语	● 业务术语可以准确描述业务概念的含义； ● 组织建立了全面、已发布的业务术语字典； ● 业务术语的定义能遵循相关标准； ● 通过管理流程来统一管理业务术语的创建和变更； ● 通过数据治理来提升业务术语的管理和应用
2	参考数据和主数据	参考数据是指用于将其他数据进行分类的数据。参考数据管理是对定义的数据值域进行管理，包括标准化术语、代码值和其他唯一标识符，每个取值的业务定义，数据值域列表内部和不同列表之间的业务关系的控制，并对相关参考数据的一致、共享使用。 主数据是组织中需要跨系统、跨部门共享的核心业务实体数据。主数据管理是指对主数据标准和内容进行管理，实现主数据跨系统的一致、共享使用	● 定义编码规则，定义参考数据和主数据唯一标识的生成规则； ● 定义数据模型，定义参考数据和主数据的组成部分及其含义； ● 识别数据值域，识别参考数据和主数据取值范围； ● 制定管理流程，创建参考数据和主数据管理相关流程； ● 建立质量规则，检查与参考数据和主数据相关的业务规则和管理要求，建立与参考数据和主数据相关的质量规则； ● 集成共享，即参考数据、主数据和应用系统的集成	● 识别参考数据和主数据的 SOR； ● 建立参考数据和主数据的准确记录； ● 建立参考数据和主数据的管理规范
3	数据元	通过在组织中建立核心数据元的标准，使数据的拥有者和使用者对数据有一致的理解	● 建立数据元的分类和命名规则，根据组织的业务特征建立数据元的分类规则，制定数据元的命名、描述与表示规范； ● 建立数据元的管理规范，建立数据元管理的流程和岗位，明确管理的岗位职责； ● 识别和创建数据元，建立数据元创建方法，进行数据元的识别和创建； ● 建立数据元的统一目录，根据数	● 建立统一的数据元管理规范； ● 建立统一的数据元目录

序号	能力项	概述	过程描述	过程目标
3	数据元		据元的分类及业务管理需求，建立数据元管理的目录，对组织内部的数据元进行分类存储； ● 数据元的查找和引用，提供数据元查找和引用的在线工具； ● 数据元的管理，提供对数据元以及数据元目录的日常管理； ● 数据元管理报告，根据数据元标准定期进行引用情况分析，了解各应用系统中对数据元的引用情况，促进数据元的应用	
4	指标数据	指标数据是指组织在经营分析过程中衡量某一个目标或事物的数据，一般由指标名称、时间和数值等组成。指标数据管理指组织对内部经营分析所需要的指标数据进行统一规范化的定义、采集和应用，以便提升统计分析的数据质量	● 制定指标数据分类管理框架，根据组织业务管理需求，制定组织内指标数据分类管理框架，保证指标分类框架的全面性和各分类之间的独立性； ● 建立指标数据字典，定义指标数据标准化的格式，梳理组织内部的指标数据，形成统一的指标字典； ● 定期进行数据采集和生成，根据指标数据的定义，由相关部门或应用系统定期进行数据的采集、生成； ● 指标数据访问和展现，对指标数据进行访问授权，并根据用户需求进行数据展现； ● 指标数据质量监控，对指标数据采集、应用过程中的数据进行监控，保证指标数据的准确性、及时性； ● 建立指标数据管理流程，划分指标数据的归口管理部门、管理职责和管理流程，并按照管理规定对指标标准进行维护和管理	● 建立指标数据分类规范、格式规范； ● 建立组织内部统一的指标数据字典； ● 指标数据的定义能清晰地描述指标含义等； ● 建立统一的指标数据管理流程

数据标准化的关键在于数据标准的管理，而 DCMM 所提出的数据标准能力域评估方法及实施步骤能够协助组织系统性地识别和处理数据管理中的问题，从而有序地提高数据管理的水平，并为数据标准化打下坚实的基础。因此，DCMM 对于数据标准能力域的评估能够为生态环境数据标准化工作提供一套科学且高效的数据管理策略，明确数据标准化流程发展的方向。

3.2.3 生态环境信息化标准体系

随着信息技术的飞速发展和变革，生态环境信息化建设进入新阶段。2024 年 1 月，为构建智慧高效的生态环境信息化体系，推动实现生态环境智慧治理，生态环境部发布了《生态环境信息化标准体系指南》，规定了生态环境信息化标准体系的层次结构及其逻辑关系，提出了生态环境信息化标准明细表。生态环境信息化标准体系的层次结构由总体标准、应用标准、应用支撑标准、数据标准、基础设施标准、网络和数据安全标准、管理标准 7 个子体系组成（图 3-3），子体系之间相互作用、相互依赖和相互补充，每个子体系可再划分为若干个二级类目。

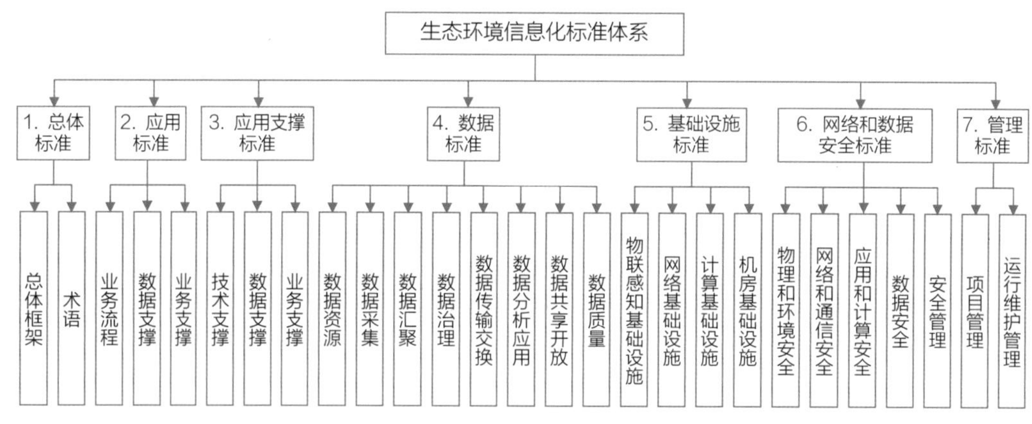

图 3-3 生态环境信息化标准体系

总体标准处于整个体系的最上位，可以为下位的其他 6 个分体系提供总体指导和机制保障，网络和数据安全标准及管理标准贯穿于基础设施标准、数据标准、应用支撑标准和应用标准之中。数据标准子体系的层次结构包括数据资源、数据采集、数据汇聚、数据治理、数据传输交换、数据分析应用、数据共享开放和数据质量 8 个二级类目。其中，数据资源标准是指生态环境应用系统所涉及的各类数据的数据元、元数据、主数据、分类与编码、数据集等内容的标准；数据采集标准是根据生态环境业务流程需求，对采集环节流程、方式方法、相关技术等进行的规范；数据汇聚标准是面向生态环境应用系统数据的整合汇聚过程，对汇聚类别、汇聚方式、汇聚流程等进行的规范；数据治理标准用于规范生态环境应用系统数据的提取清洗、关联比对等处理流程，以及对数据治理的规划和具体实施方法进行约束，对数据指标梳理等进行规范；数据传输交换标准是对生态环境应用系统数据传输交换的流程、方法、流转机制等进行的规范；数据分析应用标准是面向生态环境应用系统数据价值的提取，而对数据分析应用的工具、方法、指标等进行的规范；数据共享开放标准是对生态环境应用系统数据共享开放的内容、途径、方式等进行的规范；数据质量标准是面向生态环境应用系统数据的生存周期，而对数据质量规则、数据质量控制与评价、数据质量提升等进行的规范。

随着生态环境信息化技术的不断发展和生态环境管理需求的变化，生态环境数据标准化也应紧跟生态环境信息化建设工作实际，不断更新和完善标准体系，以适应新的挑战。生态环境信息化标准体系是一套既满足生态环境管理当前形势需要，又符合生态环境信息化未来发展方向的科学完整统一的信息化标准体系。因此，生态环境信息化标准体系的数据标准子体系的层次结构体现了当前信息化标准建设的最新策略，能够帮助确定生态环境数据标准化的具体内容和边界。

3.2.4　全国信标委大数据标准体系框架

2023 年，由全国信标委大数据标准工作组指导和组织编制的《大数据标准化白皮书（2023 版）》结合大数据技术新标准化需求，在提出的大数据标准体系框架的基础上再次修订形成新的大数据标准体系。大数据标准框架的底层是基础标准，在基础标准之上是数据标准与技术标准，然后是产品标准、治理与管理标准、安全与隐私标准，最后是行业应用标准，其框架结构如图 3-4 所示。

基础标准：为大数据其他部分的标准制定提供基础遵循，支撑行业间对大数据达成统一理解，主要包括术语、参考架构类标准。

数据标准：主要针对相关数据资源、数据要素进行规范，包括数据资源和数据要素流通两类。其中，数据资源标准面向数据本身进行规范，包括数据元素、元数据、主数据、参考数据和数据字典等标准；数据要素流通标准包括数据登记、数据交易、数据开放共享和数据分配等标准。

技术标准：主要针对大数据通用技术进行规范，包括大数据描述、大数据生存周期支撑、大数据开放与互操作 3 类。其中，大数据描述标准主要针对数据特征与分类、数据质量模型、数据溯源等标准进行研制；生存周期支撑标准主要针对大数据产生到其使用终止这一过程中的关键技术进行标准研制，主要涉及大数据采集、处理、存储、分析、可视化等相关技术，包括数据采集、数据处理、数据存储、数据分析和数据可视化

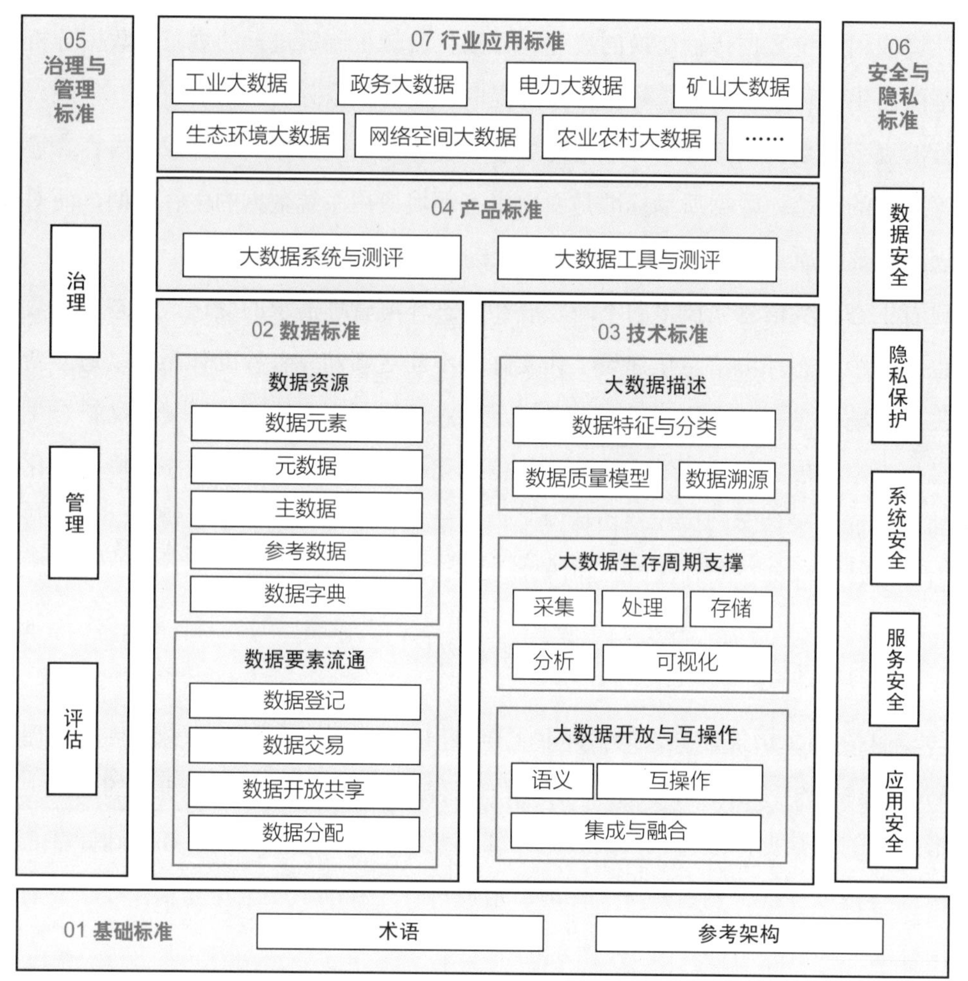

图 3-4 大数据标准体系框架结构

等标准；大数据开放与互操作标准则关注不同系统或数据集之间的互操作标准制修订，包括数据语义、数据互操作、数据集成与融合等标准。

产品标准：主要针对大数据相关系统与工具进行规范，包括大数据系统与测评、大数据工具与测评等标准。

治理与管理标准：贯穿数据生存周期的各个阶段，是大数据实现高效采集分析、应用、服务的重要支撑。该类标准主要包括治理、管理与评估 3 个部分。其中，治理标准主要开展数据治理体系、数据资源规划、数据治理实施等标准研制；管理标准则主要面向元数据管理、主数据管理、数据模型管理、数据质量管理、数据资产管理等理论方法和管理要素进行规范；评估标准则是在治理标准和管理标准的基础上，总结形成针对管理能力评估、服务能力评估、数据质量评价、治理成效评估、资产价值评估、数字化转型评价等的标准。

安全与隐私标准：同样贯穿整个数据生存周期的各个阶段，主要包括数据安全、隐私保护、系统安全、服务安全和应用安全 5 个部分。其中，数据安全主要围绕重要数据安全标准进行研制，以保障数据主体所拥有的数据不被侵害；隐私保护则围绕数据生命周期的隐私保护进行标准研制，以保障个人数据隐私不被暴露；系统安全则针对大数据平台产品，以及以大数据平台为底座的应用平台的系统安全、接口安全、技术安全进行标准研制；服务安全主要包括数据安全治理、服务安全能力和交换共享安全，面向数据产品和解决方案的安全性进行要求；应用安全标准主要对大数据与其他领域融合应用中存在的安全问题进行规范。

行业应用标准：主要是推进各相关行业的大数据标准研制，主要从大数据为各行业所能提供的服务角度出发，是各领域根据其行业特性产生的专用数据标准，包括工业大数据标准、政务大数据标准、电力大数据标准、矿山大数据标准、生态环境大数据标准、网络空间大数据标准、农业农村大数据标准等。

3.2.5　其他数据标准化体系

祝守宇等（2023）在《数据标准化：企业数据治理的基石》一书中提出，全面的数据标准化体系应包括应用类数据标准、架构类数据标准、对象类数据标准、基础类数据标准、作业类技术规范、数据标准化保障机制和数据标准化管理工具 7 个部分。数据标准是数据标准化体系的核心；数据标准化保障机制和数据标准化管理工具是数据标准落地的保障。只有将数据标准和保障机制相结合，才能真正实现组织的数据标准化。数据标准化体系框架见图 3-5。

应用类数据标准：是在开发及部署信息化/数字化应用时，需要实现的职能管理、业务管理的流程或功能要求。数据标准化服务于信息化/数字化应用，如大型组织内部常有多个财务核算系统，但均需遵循总部统一制定的财务核算手册。尽管不同行业、不同组织的信息化/数字化应用存在差异，但均需要基于统一的组织级数据架构、对象类数据标准和基础类数据标准。由此可见，数据标准化是组织信息化/数字化的基础。

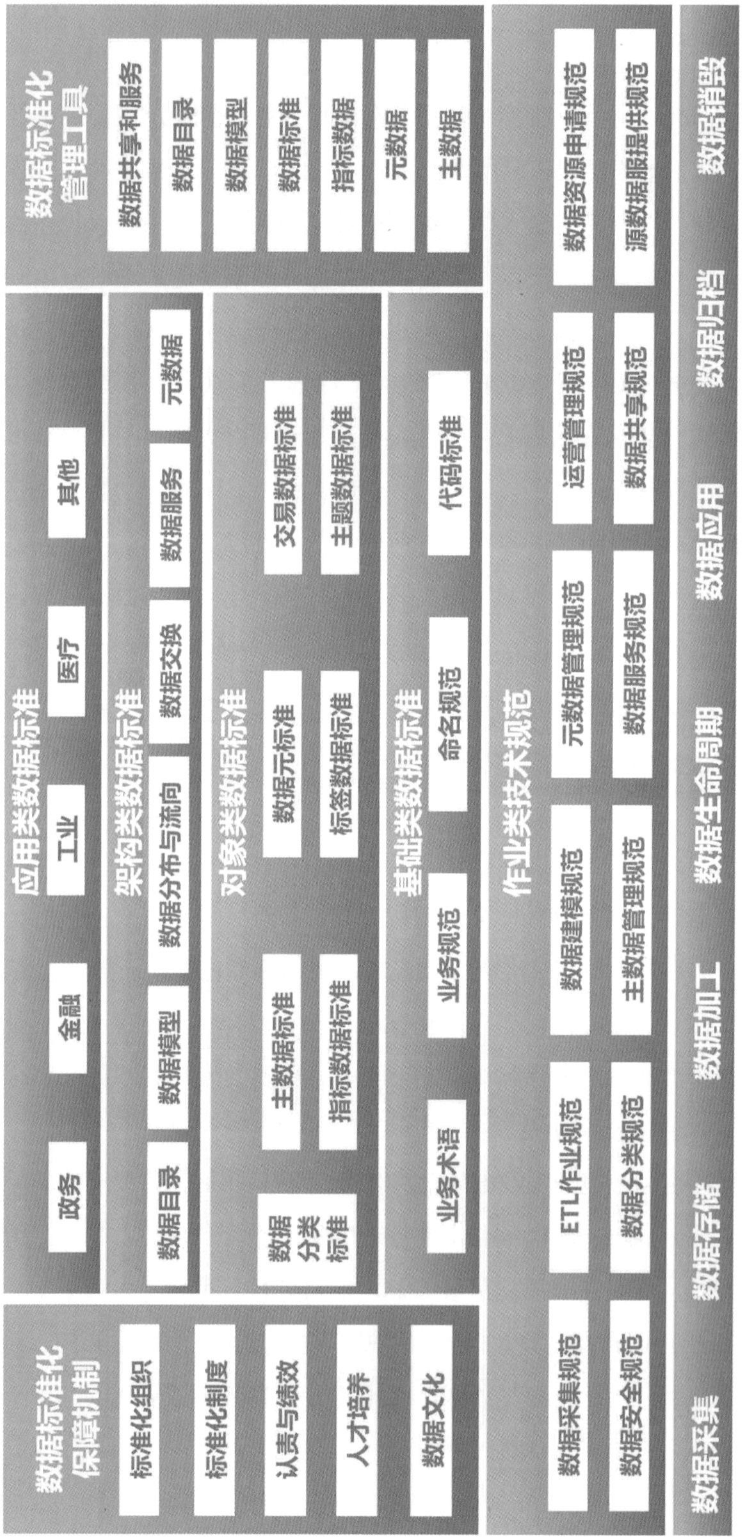

数据标准化保障机制
标准化组织
标准化制度
认责与绩效
人才培养
数据文化

应用类数据标准
政务 金融 工业 医疗 其他

架构类数据标准
数据目录 数据模型 数据分布与流向 数据交换 数据服务 元数据

对象类数据标准
数据分类标准
主数据标准 数据元标准 交易数据标准
指标数据标准 标签数据标准 主题数据标准

基础类数据标准
业务术语 业务规范 命名规范 代码标准

数据标准化管理工具
数据共享和服务
数据目录
数据模型
数据标准
指标数据
元数据
主数据

作业类技术规范
数据采集规范 ETL作业规范 数据建模规范 元数据管理规范 运营管理规范 数据资源申请规范
数据安全规范 数据分类规范 主数据管理规范 数据服务规范 数据共享规范 源数据服提供规范

数据采集 数据存储 数据加工 数据生命周期 数据应用 数据归档 数据销毁

图 3-5 数据标准化体系框架（祝守宇等）

架构类数据标准：具体包括数据目录、数据模型、数据分布与流向、数据交换、数据服务和元数据标准。数据标准化需要基于组织级的数据架构，从逻辑层面定义数据的获取和使用。架构类数据标准有以下作用：描述基于数据对象标准的各类数据对象的概念模型、逻辑模型，以及基于业务规则定义的对象之间属性数据元的引用和继承关系；定义数据共享、数据安全、数据质量的逻辑模型，以支撑数据交换、数据共享与开发；描述各类数据对象的数据分布、数据资源目录、数据资产目录；支撑上述模型开发实现的元数据标准。

对象类数据标准：具体包括数据分类标准、主数据标准、数据元标准、交易数据标准、指标数据标准、标签数据标准和主题数据标准。数据标准化要明确需要哪些数据对象及如何被标准化，而对象类数据标准阐述了数据对象的分类，以及每类数据对象的分类、定义、命名、描述和管理流程或规范。其中，主数据标准、数据元标准决定了各类交易活动的记录（交易数据或事务数据）、被创建的格式及数据质量是否满足组织的要求；主题数据（主题库）被存储在数据湖、数据仓库中，它是来源于不同交易系统（信息化系统）的属于同一主题的交易数据的集合；指标数据和标签数据是对交易数据或主题数据统计分析的公式、分析维度和颗粒度、属性维度和颗粒度。

基础类数据标准：具体包括业务术语、业务规范、命名规范和代码标准。数据标准化是经营管理和生产运营活动的基础，需要职能管理部门和业务部门负责制定本领域的业务术语、业务规范、命名规范和代码标准（或数据字典标准）。创建数据需要业务领域的知识，以确保从创建数据开始组织内部对数据有着一致性的理解。

作业类技术规范：具体包括数据采集规范、数据安全规范、数据分类规范、主数据管理规范、数据建模规范、元数据管理规范、数据服务规范、数据共享规范、数据资源申请规范等，它根据作业层面的技术操作和管理要求对数据标准化的贯彻和执行予以约束。

数据标准化保障机制：具体包括数据标准化组织、标准化制度、认责与绩效、人才培养、数据文化。数据标准化保障机制从组织、制度及工作机制、认责与绩效等方面为数据标准化工作提供保障。

数据标准化管理工具：具体包括数据共享和服务、数据目录、数据模型、数据标准、指标数据、元数据、主数据等管理工具。数据标准化工作需要技术工具的支撑，作业类技术规范需要落实到数据治理及数据资产管理相关软件上，从管理流程和技术落地两方面建立数据标准化的长效机制。

比较祝守宇等提出的数据标准化体系和全国信标委工作组提出的大数据标准体系框架可知，数据标准化体系主要关注于将标准化工作落实到实际应用中，更注重于数据标准化实践的具体工具化应用和机制的保障，以确保数据标准化的实施和执行，不仅包括标准的制定，还强调了标准的实施、组织和监督。因此，生态环境数据的标准化工作不仅需要制定相应的标准，还应当在标准的具体实施和执行上进行深入的战略性规划。

3.3 顶层设计

在当今数字化的时代，生态环境数据作为重要的资源对环境保护、资源管理和决策支持具有不可替代的作用。随着数据量的激增，如何有效管理和利用这些数据成为亟待解决的问题。生态环境数据标准化是解决这一问题的关键，它能够确保数据的一致性、可交换性和可重用性，从而提高数据的质量和价值。生态环境数据具有来源广、类型多、体量大和格式不一的特点，其标准化的实施落地是一项长期性的体系化工作，为保证各项数据管理活动有效开展、统筹推动生态环境数据管理工作顺利进行，宏观层面的顶层设计极为重要。生态环境数据标准化的顶层设计是指在数据管理与标准化应用的全局层面上进行系统规划和管理，其核心目标是通过一系列制度的制定、执行和监督实现生态环境数据的标准化应用，保障数据一致性、准确性和完整性的规范性约束，构建一个科学、规范、高效的生态环境数据标准管理体系，为生态环境保护和可持续发展提供坚实的数据支撑。

3.3.1 框架

生态环境数据标准化是一项复杂的巨大工程，需要认清其自身特点，才能有效推动数据标准化工作。本书在遵循前述章节的数据管理和数据标准相关理论下，结合当前政策导向，坚持以需求为导向的核心原则，围绕国家的战略要求、社会的广泛需求及公众的切实需要，充分考虑生态环境领域的实际条件和数据特点，从组织、战略、制度、流程 4 个方面开展生态环境标准化顶层设计工作（图 3-6）。

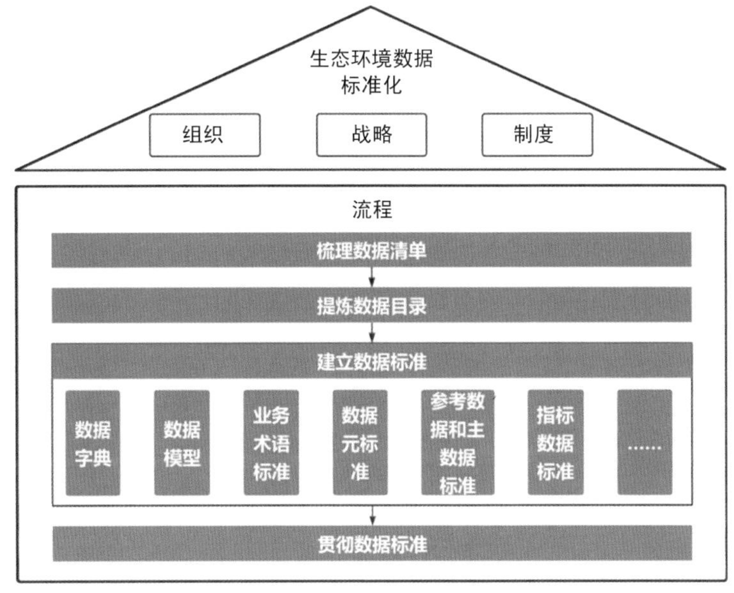

图 3-6　生态环境数据标准化框架

3.3.2　组织

生态环境数据标准化的实施绝不是一个部门的事情，必须自上向下统筹，形成专业化且各司其职的生态环境数据标准化组织。

《数据标准管理实践白皮书》将数据标准管理组织分为决策层、管理层和执行层。决策层是把握全局的决策组织，负责制定数据规划，审批数据标准，解决在体系建设、评审发布、执行落地中的全局性、方向性问题。管理层是数据标准管理的组织协调部门，负责依据相关管理制度和操作规定推进与监督数据标准的落地工作，定期向决策层汇报数据标准的落实情况、出现的具体问题。执行层是负责数据标准落地工作的各数据源头部门，需要依据制定好的数据标准政策和管理文件，全力配合管理层落实数据标准规范。

生态环境数据标准化工作同样需要高层管理者驱动数据标准化涉及的各个机构、业务部门和资源，自上而下形成完整的组织体系。因此，在生态环境数据标准化建设初期，需要先成立数据标准化管理委员会（从上至下由决策层、管理层和执行层构成），见图 3-7。

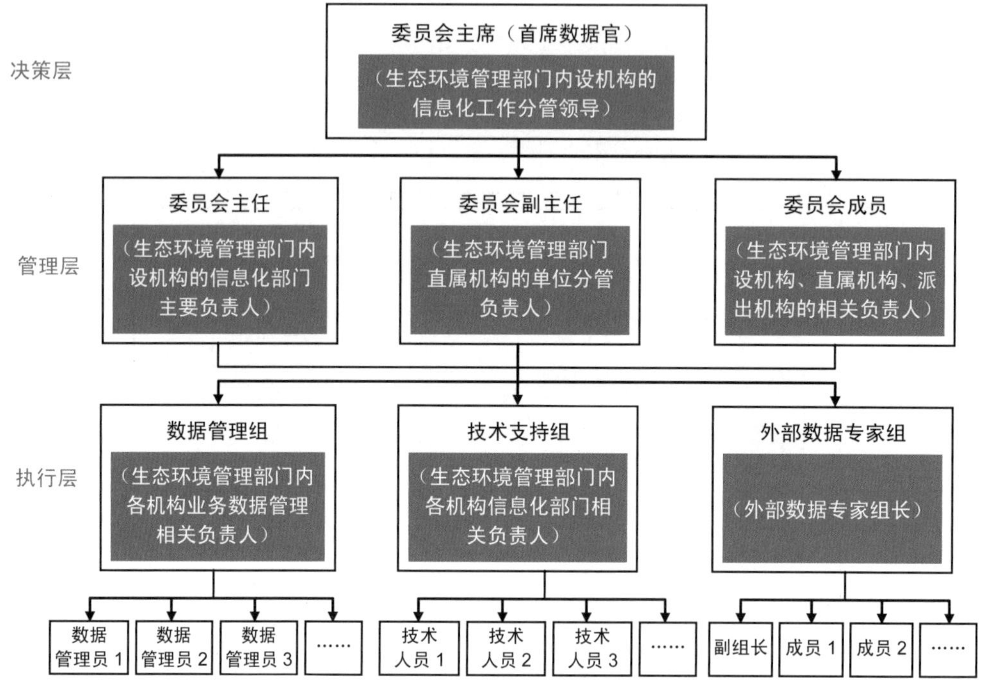

图 3-7　生态环境数据标准化管理委员会组织架构

决策层决策—管理层制定方案—执行层实施的架构可以进行层级管理、统一协调。决策层由首席数据官担任负责人；管理层由信息化部门的主要负责人担任委员会主任、各直属机构单位分管负责人担任副主任、各部门的相关负责人担任成员；执行层由数据管理组、技术支持组、外部数据专家组负责数据标准化工作的具体内容，听从决策层、管理层的工作安排。各团队既可以由部门内部负责业务数据管理的人员组成，也可以由外部合作单位的专业技术人员组成。

参考《信息技术　大数据　数据治理实施指南》，生态环境数据标准化组织的职责分工如下：

决策层：主要职责包括数据标准化战略制定、重大事项的协调和决策；从战略角度进行统筹和规划，确定生态环境数据标准化目标、范围、原则；明确生态环境数据标准化的组织、角色和职责；负责生态环境数据标准化人才建设及能力提升；负责审查生态环境数据标准化工作规划、阶段性目标；审批数据标准化管理的相关制度、标准及流程；负责确定生态环境数据标准化的工具、技术和平台；负责确定生态环境数据标准化的评估指标、方法；听取并评价生态环境数据标准化工作情况汇报；接受风控、审计部门监督，保证生态环境数据标准化工作合规。

管理层：主要职责包括数据治理的牵头，组织、指导、推广和协调数据治理工作；综合数据治理管控办法、数据治理考核机制等有关规章制度的牵头制定、修改等，对数据进行分析整理并出具数据指标报告；开展数据的监测预测工作；建立数据冲突的处理流程和数据变更控制流程；开展对基础数据质量的检测、发布、考核和清理完善工作；管理、评估各部门和信息系统的数据治理工作情况。

执行层：主要职责包括贯彻执行数据治理相关制度、流程，为开发人员定义数据规格及标准，定义引证/参考数据，有效地追踪数据质量问题，实施正确的数据质量规则，不间断地监控数据质量水平和问题，保证数据质量、审计、安全的合规性。

3.3.3　战略

数据战略是为了实现数据治理的长期目标而在数据方面所做的方向性选择和对资源的聚焦。生态环境数据标准化工作同样要做好标准化战略的规划，在明确自身定位的前提下找准目标和方向，做出相应的路线规划。本书的生态环境数据标准化战略分为指导思想、主要任务和主要策略三方面内容。

1. 指导思想

以习近平新时代中国特色社会主义思想为指导，深入贯彻党的二十大精神，按照国家数据强国战略和政务大数据体系建设的决策部署，坚持创新驱动和技术革新，系统谋划和推进生态环境领域数据资源的管理和应用改革，以确保数据安全和隐私保护为前提，以促进数据的高效流通和共享为目标，以提高数据质量为重点，以建立统一的生态环境数据标准和技术规范为核心，以保障数据标准化工作的有效执行为关键，全面推进生态环境数据标准化工作，充分释放生态环境数据价值、提升生态环境治理体系和治理能力现代化水平，为精准治污、科学治污、依法治污提供坚实的数据支持。

2. 主要任务

一是数据资源盘点。这是生态环境数据标准化的首要任务。通过全面审视现有的生态环境数据资源梳理数据清单，构建数据资源目录，了解数据的分布和状态，还能为后续的标准制定和平台建设提供基础信息。数据资源盘点的范围应涵盖所有与生态环境业务相关的数据类型，包括但不限于生态环境质量数据、生态环境管理数据、污染源数据等。

二是标准体系构建。在生态环境数据标准化的进程中，构建一个全面的标准体系是至关重要的。生态环境数据标准体系通常涵盖数据的采集、处理、存储、传输和共享等环节，包括但不限于数据字典、数据模型、业务术语、数据元、参考数据和主数据、指标数据等多个方面标准的制定。

三是技术平台建设。数据标准化工作需要技术工具的支撑。数据标准和技术标准需要落实到数据治理及数据资产管理相关技术平台上，从管理流程和技术落地两个方面建立数据标准化的长效机制。技术平台可以包括词典管理工具、图谱技术、元数据管理系统、数据治理管理系统、数据建模工具、元数据管理系统、数据仓库、BI 工具和数据分析平台等。

四是标准贯彻与监督。数据标准化的有效执行是生态环境数据标准化成功的关键。需要建立一套监督机制对生态环境主管部门的数据管理流程、系统、政策和实践进行评估、规划、实施和持续改进，以确保所有相关方都能遵守既定的数据标准，包括对标准实施的效果进行评估、监督和考核等，以便及时发现问题并进行改进。

3. 主要策略

主要策略具体包括 4 个方面：①顶层设计，从顶层进行数据标准化的规划设计，以确保与整体发展战略相协调；②分步实施，制定阶段性目标，分步骤实施数据标准化工作，以确保稳步推进；③多方参与，鼓励政府部门、数据治理技术机构、企业等多方参与，以形成合作共赢的局面；④动态调整，根据生态环境管理需求和技术发展不断调整与优化数据标准化策略。

3.3.4 制度

参照《信息技术　大数据　数据治理实施指南》，生态环境数据标准化实施应遵循相关制度和管理规范，以确保数据标准化组织建立、数据字典、数据模型、业务术语数据标准、数据元标准、参考数据和主数据标准、指标数据标准管理、数据标准贯彻及应用等相关活动得以有效执行。与数据标准化相关的制度及管理规范涵盖数据标准化组织管理制度、各种标准化活动相关制度及管理规范，以及数据标准化考核评价管理制度等。

组织管理制度：用于定义数据标准化组织架构，明确组织职责、角色分工及岗位要求，指导、执行和监督数据标准化工作。

数据标准相关制度及管理规范：①数据标准规范，用于定义业务术语、主数据、参考数据、指标数据等各类数据的标准、分类，以及业务含义、业务规则、取值范围等属性；②数据标准管理办法，用于明确数据标准的责任组织及归口人，明确数据标准的发布、审批、执行、变更等流程及工作规范，为数据标准维护及应用提供依据；③数据模型设计规范，用于对主题域模型、概念模型、逻辑模型、物理模型的设计规范进行说明，包括规范的命名、模型的更新/停用流程、模型的归口管理组织及责任人等。

主数据相关制度及管理规范：①主数据管理办法，用于明确主数据管理的组织与职责，主数据的识别、创建、变更、停用、清洗、分发、应用、考核等流程及工作规范，为主数据维护及应用提供依据；②主数据应用管理制度，用于明确主数据的应用范围、应用规则、管理要求和考核标准等，以有效实现主数据应用管理。

数据生存周期相关制度及管理规范：明确数据的采集、存储、加工、使用、归档和销毁等的管理方法、流程及工具，保障数据在生存周期中被一致、有效地管理。

数据标准化考核评价管理制度：数据标准化评价与考核管理办法用于为组织数据治理过程中的数据标准架构设计、元数据标准、数据标准管理、数据质量标准、主数据标准、数据应用标准、数据安全标准、数据生存周期标准等活动定义评价指标体系考核机制等，持续提升组织的数据标准化管理能力。

3.3.5　流程

1. 梳理数据清单

数据清单是指开展系统级数据资源盘点，厘清系统数据库、数据表、字段及报表等实际数据对象，形成以业务系统为独立单元的系统级有效数据清单，通常包括数据的名称、类型、来源、格式、存储位置、使用权限、更新频率等关键信息。数据清单的主要活动和工作要点包括数据元的定义、采集、规范和清单整理等方面。

2. 提炼数据目录

数据目录是指基于数据清单，从技术维度、业务维度及管理维度等多种视角建立数据目录分类，实现系统数据资源的标签化管理，帮助各方用户更好地理解数据含义。数据目录的主要活动和工作要点包括确定业务域、进行主题域分类、识别业务对象、梳理逻辑数据实体及属性清单、构建目录等方面。

3. 编制数据字典

参照《环境信息数据字典规范》，生态环境数据字典是生态环境信息数据库体系结构的描述信息的集合，记录了数据库的组成和格式等信息，由实体和数据元组成。数据字典的内容由数据字典管理信息、数据表信息、视图信息、存储过程信息、用户函数信息、用户定义数据类型信息、数据项（字段）信息等实体内容组成。数据字典的主要活动和工作要点包括确定数据字典内容、建立数据字典模板、整理数据字典信息等方面。

4. 构建数据模型

根据 DCMM 的定义，数据模型是使用结构化的语言将收集到的组织在业务经营、管理和决策中使用的数据需求进行综合分析，按照模型设计规范将需求重新组织。从模型覆盖的内容粒度来看，数据模型一般分为主题域模型、概念模型、逻辑模型和物理模型。从模型的应用范畴来看，数据模型分为组织级数据模型和系统应用级数据模型。数据模型的主要活动和工作要点包括收集和理解数据需求、制定模型规范、开发数据模型、应用数据模型、进行符合性检查和模型变更管理等方面。

5. 建立业务术语标准

业务术语是生态环境主管部门内部理解数据、应用数据的基础。通过对业务术语的管理能保证生态环境主管部门内部对具体技术名词理解的一致性。业务术语的管理需要制定统一的管理制度和流程，并对业务术语的创建、维护和发布进行统一管理，进而推动业务术语的共享和生态环境主管部门内部的应用。业务术语的主要活动和工作要点包括业务术语标准制定、业务术语字典编制、业务术语发布、业务术语应用和业务术语宣贯等方面。

6. 建立数据元标准

数据元的标准化能够使数据的拥有者和使用者对数据有一致的理解。数据元的主要活动和工作要点包括建立数据元的分类和命名规则、建立数据元的管理规范、识别和创建数据元、建立数据元的统一目录、查找和引用数据元及报告数据元管理情况等方面。

7. 建立参考数据和主数据标准

参考数据和主数据是用于将其他数据进行分类的数据。参考数据管理是指对定义的数据值域进行管理，包括标准化术语、代码值和其他唯一标识符，每个取值的业务定义，数据值域列表内部和跨不同列表之间的业务关系控制，以及相关参考数据的一致、共享使用。主数据是生态环境主管部门中需要跨系统、跨部门共享的核心业务实体数据。主数据管理是对主数据标准和内容进行的管理，它可以实现主数据跨系统的一致、共享使用。参考数据和主数据的主要活动和工作要点包括定义编码规则、定义数据模型、识别数据值域、制定管理流程、建立质量规则和进行集成共享等方面。

8. 建立指标数据标准

指标数据是生态环境主管部门在业务分析过程中衡量某一个目标或事物的数据，一般由指标名称、时间和数值等组成。指标数据管理能够对内部业务分析所需的指标数据进行统一的规范化定义、采集和应用，用于提升统计分析的数据质量。指标数据的主要活动和工作要点包括制定指标数据分类管理框架、建立指标数据字典、定期进行数据的采集和生成、对指标数据进行访问授权和数据展现、对指标数据的质量进行监控和建立指标数据管理流程等方面。

9. 贯彻数据标准

贯彻数据标准是指一系列按照既定的生态环境数据标准和规范，对生态环境主管部门的数据管理流程、系统、政策和实践进行评估、规划、实施与持续改进的活动，以确保生态环境数据应用和共享完全遵循相关数据标准规范的过程。贯彻数据标准是提升数据质量的重要保障。有效的贯标措施可以不断推动数据标准的推广和应用，确保数据的准确性、完整性和一致性。贯彻数据标准的主要活动和工作要点包括数据标准的培训和宣传、应用系统的贯标实施、贯标的评估与监控等方面。

参考文献

[1] 史丛丛，张媛，逄锦山，等. 政务数据标准化研究[J]. 信息技术与标准化，2020（10）：9-11.

[2] 王世汶，徐欣馨，陈青，等. 构建生态环境大数据体系，助力精准治污与科学治污[J]. 中国发展观察，2022（5）：91-95.

[3] 广西壮族自治区信息中心大数据研究课题组. 我区数据标准体系建设的思考和建议[EB/OL].（2021-12-11）[2024-10-29]. http：//gxxxzx. gxzf. gov. cn/jczxfw/dsjfzyj/t11067142. shtml.

[4] 环境保护部科技标准司. 环境信息数据字典规范：HJ 723—2014[S]. 北京：中国环境出版社，2014.

[5] 全国信息技术标准化技术委员会. 数据治理规范：GB/T 34960—2017[S]. 北京：中国标准出版社，2017.

[6] 全国信息技术标准化技术委员会. 数据管理能力成熟度评估模型：GB/T 36073—2018[S]. 北京：中国标准出版社，2018.

[7] 生态环境部办公厅，法规与标准司. 生态环境信息化标准体系指南：HJ 511—2024[S]. 北京. 生态环境部环境标准研究所，2024.

[8] 全国信标委大数据标准工作组. 大数据标准化白皮书（2023 版）[R/OL].（2024-08-02）[2024-10-29]. https：//www. xdyanbao. com/doc/9ip2h36pgw？bd_vID=7130596973504583802.

[9] 祝守宇，蔡春久，等. 数据标准化：企业数据治理的基石[M]. 北京：电子工业出版社，2023.

第2部分

探　索

2022 年 12 月，《中共中央 国务院关于构建数据基础制度更好发挥数据要素作用的意见》发布，指出要建立数据流通准入标准规则，强化市场主体数据全流程合规治理，确保流通数据来源合法、隐私保护到位、流通和交易规范。《全国一体化政务大数据体系建设指南》《建设高标准市场体系行动方案》《关于推进实施国家文化数字化战略的意见》也对数据标准化提出了要求。《“十四五”大数据产业发展规划》将“强化标准引领。协同推进国家标准、行业标准和团体标准，加快技术研发、产品服务、数据治理、交易流通、行业应用等关键标准的制修订”作为一项重要任务。标准化是组织机构精细化管理和数字化转型的需要。在组织机构由业务驱动转向数据驱动的大背景下，数据价值挖掘离不开精确计量，而规范化的数据是精确计量的基础。同时，标准化是实现 IT 系统互联互通、数据集中共享的关键。不同 IT 系统往往对同一数据的定义不同，系统之间互联互通的复杂度高、数据集中与共享的难度大造成数据的可用性低，难以充分发挥数据对业务的有效支持作用。

我国的生态文明建设正处于“以降碳为重点战略方向、推动减污降碳协同增效、促进经济社会发展全面绿色转型、实现生态环境质量改善由量变到质变”的关键时期，数据作为优化资源利用的重要抓手，在推动产业结构优化升级、城市绿色化发展上具有无可比拟的作用。然而，生态环境数据来源广、体量大，各业务间缺少统一的数据标准和唯一的权威来源，导致“数据孤岛”现象突出、生态环境数据价值无法充分发挥。在这一背景下，为了持续提升生态环境数据质量，使数据能够有效支撑生态环境业务系统应用，庞杂的数据和有限的管理资源共同催生出对生态环境数据标准化的需求。

近年来，深圳市在污染源管理领域积极推进数据治理工作。不仅打通并完善了环评、排污许可、信用评价、固体废物、移动执法、行政处罚、核与辐射、清洁生产、挥发性有机物工况等业务管理系统与污染源基础库的关联关系，也完成了万余家污染源基础信息（含污染源名称、统一社会信用代码、地址、经纬度、行政区、街道、行业代码）的治理，从完整性、规范性、准确性、一致性、实时性和有效性方面制定了数据质量规则，以监控数据质量。通过数据治理，生态环境数据质量在一定程度上得到了提升，同时也促进了生态环境数据的共享与应用。然而，数据治理工作仍然面临诸多挑战：缺乏统一的数据标准顶层设计和标准化体系构建，数据不一致、质量参差不齐等问题仍然存在，数据共享程度低、数据壁垒和孤岛现象严重。在此情况下，数据标准化的重要性凸显无疑，它被视为解决数据理解歧义、数据共享程度低、数据准确性差、数据标准深度有限、数据标准更新不及时、数据标准管理办法落实不到位等问题的关键，是顺应外部监管要求与内部管理升级的必然趋势。

正是基于这样的背景，深圳市毅然踏上了生态环境数据标准化的探索之旅，基于国内外的相关文献资料和众多学者的理论体系，通过构建标准化体系打破数据壁垒，提升数据质量，为生态环境管理的科学决策与高效运行奠定了坚实的数字基础。

第4章
梳理数据清单

4.1 信息系统“白名单”管理制度

为推进政府治理体系和治理能力现代化，打造一流的营商环境，提升政务信息系统集约化建设和管理水平，按照数字政府建设统一部署要求，深圳市启动了非涉密应用系统迁移上云工作，推动部门实施内部信息系统整合。在此背景下，深圳市生态环境局实行信息系统“白名单”管理制度，印发了深圳市生态环境局信息系统“白名单”，以严格落实信息系统网络安全主体责任，规范网络安全管理，避免监管漏洞，严禁“白名单”以外的信息系统上线运行。

一是要求各单位按照“上云为常态、不上云为例外”的原则，充分利用市、区政务云开展信息化建设。已经部署在公有云、企业服务器等的信息系统应做好迁移计划，逐步迁移至市、区政务云。二是要求各单位信息系统应按照《中华人民共和国网络安全法》《网络安全等级保护条例》相关规定严格落实网络安全等级保护制度。三是要求“白名单”内的信息系统上线运行前需要按照相应要求完成测评或检测等工作。四是要求各单位常态化开展隐患排查和整改加固工作。五是要求各单位信息系统发生变化的（新上线或下线系统、更改系统部署环境、更换系统联系人等）须及时备案更新。

政务信息系统迁移上云提升了网络安全管理水平，有效降低了信息化系统的重复建设和原有机房设施的运维成本，逐步打破了“数据烟囱”和“信息孤岛”，全面推进了生态环境“一网统管”。同时，通过实施“白名单”备案管理，动态更新信息系统的上下线、变更情况，生态环境管理部门能够全面掌握生态环境信息系统的建设情况，从而在生态环境数据标准化工作中为数据资源盘点奠定了基础，极大地提升了数据管理的规范性和效率。

4.2　数据元清单梳理方法

4.2.1　定义

根据《信息技术　元数据注册系统（MDR）　第 1 部分：框架》（GB/T 18391.1—2009），数据元是由一组属性规定其定义、标识、表示和允许值的数据单元。一个数据元由数据元概念和表示两部分组成。数据元概念是指能以一个数据元的形式表示的概念，其描述与任意特定表示法无关；表示由值域、数据类型、计量单位（如果需要）、表示类（可选）组成。其中，数据元概念又由对象类和特性组成。对象类可以对其界限和含义进行明确的标识，且特性和行为遵循相同规则的观念、抽象概念或现实世界中事物的集合。对象类分为一般概念和个别概念：一般概念的对象类包括汽车、人、家庭、订单等，每个对象类都有两个或多个元素，如汽车可包括小轿车、面包车、大货车，人可包括男人和女人；个别概念的对象类包括“某区域自然人集合”“某区域服务行业公司集合”，对象类里仅有一个元素。特性指一个对象类所有成员所共有的特征，分为一般概念和个别概念：一般概念的特性包括颜色、收入、地址、价格等，个别概念的特性包括平均收入、总收入等。

简单来说，数据元就是将现实中的事物抽象为模型。例如，污染源是一个数据元，它的对象包括不同规模的排污单位，它的特性包括污染物种类、排放浓度、排放速率、排放量等，它的表示包括污染源名称、地理坐标、监测数值等。

参照《生态环境信息基本数据集编制规范》（HJ 966—2018）对基本数据集的定义，生态环境数据元清单即生态环境数据元的集合，是完成一项特定业务活动所必需的数据元集合经过规范性表达形成的数据标准，也是数据字典等数据标准建设的基础。

4.2.2　梳理方法

梳理数据元清单的核心步骤是提取数据元。为提取数据元提供一个方法论指南是确保提取的数据元具有科学性和互操作性的关键。《数据标准化：企业数据治理的基石》

提出了 2 种数据元提取方法：自上而下提取法和自下而上提取法。

自上而下提取法：在业务流程分析的基础上，利用流程建模获得业务的主导方和相关参与方，并确定业务的实施细则，具体操作分为业务功能建模、业务流程建模、业务信息建模、数据元的提取、数据元的提交 5 个步骤（图 4-1）。

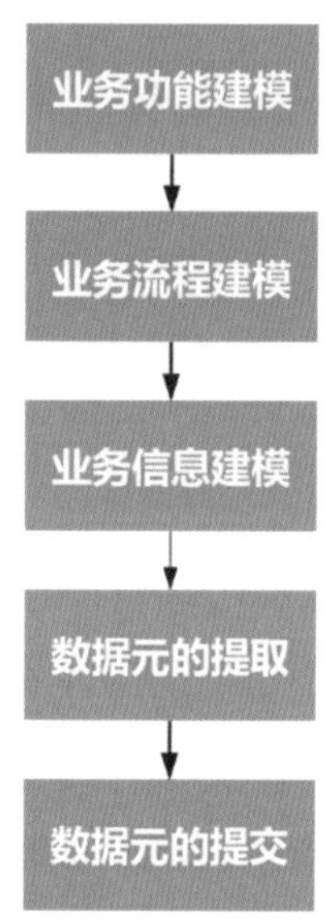

图 4-1 自上而下提取法

自下而上提取法：已有的系统可根据自身数据库系统的实体关系图进行数据元的提取与分析，具体步骤为结合数据业务和相关管理要求，逐部门对数据中可能存在的信息模型、数据模型、数据流程图、数据库设计、接口及计算机程序中的数据元进行系统收集、筛选并梳理，在协调的基础上重排以找出共性、进行定义并分类整理，从而实现标准化（图 4-2）。

基于深圳市生态环境局信息系统“白名单”，本书采用自下而上提取法进行生态环境数据元清单的梳理工作。一方面，开展系统级数据资源盘点，厘清系统数据库、数据表和字段等，形成以业务系统为单元的数据采集清单，掌握正在运行的业务系统的数据资源情况；另一方面，在数据采集清单的基础上，结合相关业务管理要求，对数据元进行去重、合并等规范化处理，形成生态环境数据元清单。

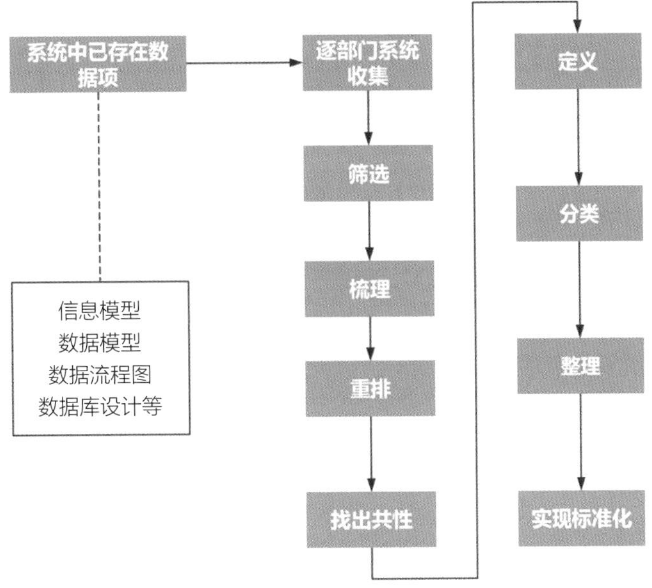

图 4-2　自下而上提取法

4.2.3　梳理步骤

1. 收集资料

（1）深圳市生态环境局信息系统“白名单”

深圳市生态环境局信息系统“白名单”中共 159 个信息系统（截至 2023 年 8 月），涉及 17 个业务部门。各业务部门的系统数量见表 4-1，深圳市生态环境信息系统的责任单位、信息系统名称、信息系统 URL、定级情况、测评要求、测评报告出具时间等信息见表 4-2。

表 4-1　深圳市生态环境局信息系统“白名单”备案情况

序号	责任单位	系统数量
1	办公室	1
2	应对气候变化处	3
3	执法监督处	8

序号	责任单位	系统数量
4	深圳市饮用水源保护管理办公室	1
5	深圳市生态环境监测站	1
6	深圳市生态环境智能管控中心	85
7	深圳市环境科学研究院	6
8	深圳市生态环境局福田管理局	3
9	深圳市生态环境局盐田管理局	1
10	深圳市生态环境局南山管理局	1
11	深圳市生态环境局宝安管理局	14
12	深圳市生态环境局龙岗管理局	7
13	深圳市生态环境局龙华管理局	1
14	深圳市生态环境局光明管理局	3
15	深圳市生态环境局大鹏管理局	5
16	广东省深圳生态环境监测中心站	18
17	一带一路环境技术交流与转移中心（深圳）	1
合计		159

表 4-2　深圳市生态环境局信息系统“白名单”示例

序号	责任单位	信息系统名称	信息系统 URL	定级情况	测评要求	测评报告出具时间
1	应对气候变化处	深圳市碳排放注册登记簿系统	https：//www.szregistry.com/index.do	二级	开展信息安全等保测评，每年进行一次	2023 年 6 月 13 日
2	深圳市生态环境智能管控中心	企业环保服务系统	https：//ep.meeb.sz.gov.cn：8443/cep/hbt/wyfw	三级	开展信息安全等保测评，每年进行一次	2023 年 4 月 21 日
3	深圳市生态环境局龙岗管理局	龙岗企业服务企业信用修复平台	https：//lgstj.lg.gov.cn/dispatch/loginpage.vm	二级	开展信息安全等保测评，每年进行一次	2023 年 7 月 24 日

（2）生态环境数据清单

2022 年 5 月，为贯彻落实国家大数据建设战略，助力深圳市智慧城市和数字政府建设，加强全市生态环境数据规范管理与有效利用，根据《深圳经济特区数据条例》《深圳市首席数据官制度试点实施方案》等的规定，深圳市生态环境局印发了《深圳市生态环境局生态环境数据管理办法（试行）》，规定生态环境数据实行数据清单管理制度，并发布了生态环境数据清单。

根据数据生产单位的类别，生态环境数据清单将生态环境数据分为局内数据和局外数据两大类。局内数据包括水环境、大气环境、土壤环境等 30 类数据（表 4-3）；局外数据是从深圳市生态环境局以外的其他各级政府部门、第三方机构及互联网获取的其他数据，包括水环境、大气环境、污染源等 8 类数据（表 4-4）。

表 4-3　生态环境数据清单（局内）

序号	数据分类	数据生产单位	数据资源数/个
1	水环境	深圳市饮用水源保护管理办公室	2
		广东省深圳生态环境监测中心站	6
		水生态环境处	11
		自然生态和海洋生态环境处（土壤生态环境处）	1
2	大气环境	深圳市生态环境局宝安管理局	1
		大气环境处	4
		各区管理局	3
		广东省深圳生态环境监测中心站	10
		深圳市环境科学研究院	1
3	土壤环境	自然生态和海洋生态环境处（土壤生态环境处）	11
		广东省深圳生态环境监测中心站	3
4	声环境	广东省深圳生态环境监测中心站	4
5	污染源	执法监督处	2
		水生态环境处	2
		污染源管理处（信访办公室）	7
		政策法规处	1
6	生态环境	自然生态和海洋生态环境处（土壤生态环境处）	16
7	总量减排	污染源管理处（信访办公室）	4
8	专项资金	规划发展处	3

序号	数据分类	数据生产单位	数据资源数/个
9	执法	执法监督处	2
10	舆情	深圳市生态环境智能管控中心	6
11	信访	执法监督处	1
12	碳排放	应对气候变化处	4
13	实验室管理	深圳市生态环境监测站	3
14	气候变化	应对气候变化处	3
15	企业信用评价	污染源管理处（信访办公室）	1
16	排污许可	环境影响评价和排放管理处（审批综合处）	2
17	科研	规划发展处	6
18	机动车排放	执法监督处	4
19	环评管理	环境影响评价和排放管理处（审批综合处）	2
20	环境应急	固体废物和化学品处（环境应急管理处）	16
21	环境风险隐患	深圳市饮用水源保护管理办公室	1
22	环保产业	规划发展处	5
23	核与辐射	核与辐射安全管理处（市核与辐射安全监管局、市核应急管理办公室）	7
24	行政处罚	执法监督处	4
25	行政办公	办公室	1
26	固体废物	固体废物和化学品处（环境应急管理处）	13
27	法规与标准	政策法规处	4
28	信息公开	大气环境处	2
		水生态环境处	2
		污染源管理处（信访办公室）	1
		固体废物和化学品处（环境应急管理处）	1
29	督查	督查处	6
30	表彰	深圳市生态环境智能管控中心	2
合计			191

表 4-4　生态环境数据清单（局外）

序号	数据分类	数据来源	数据资源数/个
1	水环境	生态环境部	5
		广东省生态环境厅	2
		深圳市水务局	6
2	大气环境	生态环境部	6
		广东省生态环境厅	1
		深圳市气象局	2
		深圳市住房和建设局	3
		交通运输部南海航海保障中心	3
3	污染源	生态环境部	1
		深圳市市场监督管理局	1
		广东省生态环境厅	1
4	固体废物	广东省生态环境厅	5
5	机动车排放	深圳市公安局交通警察局	2
		深圳市交通运输局	1
		深圳市各加油站	1
		机动车排放检验机构	1
		深圳市公安局交通警察局、机动车排放检验机构	1
		广东省生态环境厅	1
		深圳市计量质量检测研究院	2
6	核与辐射	生态环境部	7
7	清洁生产	广东省生态环境厅	2
8	排污许可	生态环境部	4
合计			58

生态环境数据清单以“数据分类—数据名称—数据明细字段”的层级结构全面列出了所有生态环境数据项。例如，水环境数据包含饮用水水源地告警信息、饮用水水源地在线监测数据、地表水河流市控点位在线监测数据等。饮用水水源地告警信息包含断面代码、污染因子编码、污染因子名称、告警类型、频次、告警开始时间、告警结束时间、

告警内容、备注、数据入库时间、数据更新时间、数据来源类型、是否审核、告警级别等字段。相关示例见表 4-5 和表 4-6。

表 4-5 生态环境数据清单（局内）示例

序号	数据分类	数据名称	数据明细	数据生产单位	更新频率	数据主要使用单位	主要应用业务系统
1	行政办公	OA 公文数据及附件	该数据包含事项 ID、事项生成时间、提交人员、任务名称、流程状态、办结时间等字段	办公室	年	办公室	综合办公历史数据查询系统
2	生态环境	城市重点项目	该数据包含项目名称、所在区域、项目面积、是否与红线格局重叠、项目依据、经纬度等字段	自然生态和海洋生态环境处（土壤生态环境处）	不定期	自然生态和海洋生态环境处（土壤生态环境处）	自然生态管理系统
3	生态环境	人类活动红线档案	该数据包含人类活动档案编码、所属自然保护地编码、人类活动类型、经纬度、所属行政区、面积、GIS 组提供的图层 FID 等字段	自然生态和海洋生态环境处（土壤生态环境处）	不定期	自然生态和海洋生态环境处（土壤生态环境处）	自然生态管理系统
4	生态环境	生态风险源信息	该数据包含风险编码、区域编码、来源类型、风险类型、风险描述、经纬度等字段	自然生态和海洋生态环境处（土壤生态环境处）	不定期	自然生态和海洋生态环境处（土壤生态环境处）	自然生态管理系统
5	生态环境	生态格局信息	该数据包含生态系统编码、生态系统名称、生态系统类型、面积、所属行政区等字段	自然生态和海洋生态环境处（土壤生态环境处）	不定期	自然生态和海洋生态环境处（土壤生态环境处）	自然生态管理系统
6	生态环境	生态环境站点监测数据	该数据包含站点编码、指标编码、监测值等字段	自然生态和海洋生态环境处（土壤生态环境处）	不定期	自然生态和海洋生态环境处（土壤生态环境处）	自然生态管理系统

序号	数据分类	数据名称	数据明细	数据生产单位	更新频率	数据主要使用单位	主要应用业务系统
7	生态环境	生态系统信息	该数据包含行政区编码、生态系统类型、重要程度、面积等字段	自然生态和海洋生态环境处（土壤生态环境处）	不定期	自然生态和海洋生态环境处（土壤生态环境处）	自然生态管理系统
8	生态环境	生态质量信息	该数据包含行政区编码、生态系统类型、重要程度、面积等字段	自然生态和海洋生态环境处（土壤生态环境处）	不定期	自然生态和海洋生态环境处（土壤生态环境处）	自然生态管理系统
9	生态环境	生态综合评估	该数据包含行政区编码、重要程度、面积等字段	自然生态和海洋生态环境处（土壤生态环境处）	不定期	自然生态和海洋生态环境处（土壤生态环境处）	自然生态管理系统
10	生态环境	生态环境动物物种基本信息	该数据包含物种名称、物种全称、拉丁学名、中英文纲目科属、国家重点保护级别、中国物种红色名录、IUCN 红色名录、CITES 附录、是否三有保护动物、是否外来入侵、分布地点、经纬度、区域等字段	自然生态和海洋生态环境处（土壤生态环境处）	不定期	自然生态和海洋生态环境处（土壤生态环境处）	自然生态管理系统
11	生态环境	环境主题要素数据信息	该数据包含要素名称、归属主题、状态、所属父类编码、类别、级别、英文名称、几何特征等字段	自然生态和海洋生态环境处（土壤生态环境处）	不定期	自然生态和海洋生态环境处（土壤生态环境处）	自然生态管理系统
12	生态环境	空气病原菌信息	该数据包含物种名称、相对丰度、取样方式、分布地点、区域编码等字段	自然生态和海洋生态环境处（土壤生态环境处）	不定期	自然生态和海洋生态环境处（土壤生态环境处）	自然生态管理系统

序号	数据分类	数据名称	数据明细	数据生产单位	更新频率	数据主要使用单位	主要应用业务系统
13	生态环境	生态环境群落基本信息	该数据包含群落生态学多样性指标、群落名称、分布点、经纬度、乔木、灌木、草木样方数等字段	自然生态和海洋生态环境处（土壤生态环境处）	不定期	自然生态和海洋生态环境处（土壤生态环境处）	自然生态管理系统
14	生态环境	入侵物种信息	该数据包含物种名称、拉丁学名、纲、科、经纬度、分布地点等字段	自然生态和海洋生态环境处（土壤生态环境处）	不定期	自然生态和海洋生态环境处（土壤生态环境处）	自然生态管理系统
15	生态环境	生态环境植物物种基本信息	该数据包含物种名称、物种全称、拉丁学名、中英文纲目科属、别名、简写、分布地点、海拔、国家重点保护级别、中国生物多样性名录、IUCN 红色名录、CITES 附录、是否外来入侵、自然生态系统分布、建成区分布、生长型、叶形、株形、花期、果期、花的结构、果实形状、应用类型、种子扩散方式、传粉方式、固氮类型、入侵等级、第一描述、中国物种红色名录、中国植物红皮书、经纬度、区域、危害特征、原产地、是否园林负面清单、是否深圳入侵种等字段	自然生态和海洋生态环境处（土壤生态环境处）	不定期	自然生态和海洋生态环境处（土壤生态环境处）	自然生态管理系统
16	生态环境	自然保护地信息	该数据包含自然保护地编码、名称、分区、所属行政区、类型、地理位置、面积、主要保护对象、对应 GIS 图层数据编码等字段	自然生态和海洋生态环境处（土壤生态环境处）	不定期	自然生态和海洋生态环境处（土壤生态环境处）	自然生态管理系统
17	生态环境	裸土地核查任务	该数据包含裸土地编号、发现年份、所属行政区、所属街道、面积、核查人员、当前核查结果、经纬度等字段	自然生态和海洋生态环境处（土壤生态环境处）	不定期	自然生态和海洋生态环境处（土壤生态环境处）	自然生态管理系统

序号	数据分类	数据名称	数据明细	数据生产单位	更新频率	数据主要使用单位	主要应用业务系统
18	专项资金	专项资金申请指南	该数据包含主键 ID、指南年度、公示地址、专项项目、资助方向、项目数量/方式/金额、申报条件、开始申报时间、指南状态、删除标记、创建人、创建时间、更新人、更新时间、结束申报时间、创建时间等字段	规划发展处	不定期	规划发展处	专项资金管理系统
19	专项资金	专项资金申请指南申报要求	该数据包含主键 ID、指南 ID、文件名称、文件排序、附件示例文件、备注、删除标记、创建人、创建时间、更新人、更新时间、创建时间、排序号等字段	规划发展处	不定期	规划发展处	专项资金管理系统
20	专项资金	专项资金下达资助计划与拨付	该数据包含主键 ID、专项申请表、下达批次、下达时间、下达资助金额、下达资助计划文件、待立项状态、备注、创建人、创建时间、更新人、更新时间、删除标记、创建时间等字段	规划发展处	不定期	规划发展处	专项资金管理系统

表 4-6　生态环境数据清单（局外）示例

序号	数据分类	数据名称	数据明细	数据来源	更新频率	数据主要使用单位	主要应用业务系统
1	水环境	全国地表水水质月报	该数据包含自增序列、文件名称、时间等字段	生态环境部	月	水生态环境处	水环境质量综合管理系统
2	水环境	海水浴场水质周报	该数据包含自增序列、城市名称、浴场名称、游泳适宜度、水质类别（水质级别）、爬取时间、年度、期数（周）、数据唯一标识、数据唯一标识对应的 md5、主要污染物、城市 ID、更新次数、纬度、经度、数据更新时间、数据创建时间等字段	生态环境部	周	自然生态和海洋生态环境处（土壤生态环境处）	海洋生态环境管理系统

序号	数据分类	数据名称	数据明细	数据来源	更新频率	数据主要使用单位	主要应用业务系统
3	水环境	海洋国控手工监测信息	包含基本信息、监测信息及评价结果	生态环境部	一年三期	自然生态和海洋生态环境处（土壤生态环境处）	海洋生态环境管理系统
4	水环境	地表水河流国控点位在线监测信息	该数据包含基本信息、水温、pH值、溶解氧、电导率、浊度、高锰酸盐指数、化学需氧量、氨氮、总磷等各指标监测值及评价结果	生态环境部	小时、日	水生态环境处	水环境综合管理系统
5	水环境	地表水河流省控点位在线监测信息	该数据包含基本信息、水温、pH值、溶解氧、电导率、浊度、高锰酸盐指数、化学需氧量、氨氮、总磷等各指标监测值	广东省生态环境厅	小时、日	水生态环境处	水环境综合管理系统
6	水环境	地表水河流国控断面手工监测信息	该数据包含基本信息、监测因子、监测时间、是否超标、水质级别、超标污染物等字段	生态环境部	月	水生态环境处	水环境综合管理系统
7	水环境	地表水河流省控断面手工监测信息	该数据包含基本信息、监测因子、监测时间、是否超标、水质级别、超标污染物等字段	广东省生态环境厅	月	水生态环境处	水环境综合管理系统
8	水环境	水质净化厂监测信息	该数据包含水站名称、监测时间、pH值、总氮浓度、氨氮浓度、总磷浓度、总铜浓度、总镍浓度、总铬浓度、总氰化物浓度、重铬酸钾指数、数据标志等字段	深圳市水务局	小时、日	水生态环境处	水环境综合管理系统
9	水环境	水库水文小时监测数据	该数据水库编码、测点编码、监测日期、平均降水量、数据入库时间、数据更新时间、数据来源、删除标志等字段	深圳市水务局	不定期	深圳市饮用水源保护管理办公室	饮用水水源管理系统

序号	数据分类	数据名称	数据明细	数据来源	更新频率	数据主要使用单位	主要应用业务系统
10	大气环境	深圳市国控站点空气质量监测数据	该数据包含监测时间、监测点代码、监测点名称、二氧化硫、氮氧化物、细颗粒物、可吸入颗粒物、臭氧、一氧化碳、空气质量级别名称、空气质量级别、空气质量状况名称、空气质量状况代码、AQI 指数、首要污染物等字段	生态环境部	小时、日、月、季、年	大气环境处	大气环境质量综合管理系统
11	大气环境	深圳市省控站点空气质量监测数据	该数据包含监测时间、监测点代码、监测点名称、二氧化硫、氮氧化物、细颗粒物、可吸入颗粒物、臭氧、一氧化碳、空气质量级别名称、空气质量级别、空气质量状况名称、空气质量状况代码、AQI 指数、首要污染物等字段	广东省生态环境厅	小时、日、月、季、年	大气环境处	大气环境质量综合管理系统
12	大气环境	深圳市自动站气象监测数据	该数据包含监测时间、站点编码、站点名称、风向值、风向等级、风速值、风速等级、温度、湿度、降水、压力、能见度、数据入库时间、数据更新时间、数据来源类型等字段	深圳市气象局	小时、日	大气环境处	大气环境质量综合管理系统
13	大气环境	深圳市梯度塔气象监测数据	该数据包含监测时间、站点编码、站点名称、风向值、风向等级、风速值、风速等级、温度、湿度、降水、压力、能见度、数据入库时间、数据更新时间、数据来源类型等字段	深圳市气象局	5 分钟、小时	大气环境处	大气环境质量综合管理系统
14	大气环境	深圳市灰霾天气数据	该数据包含自增序列、深圳当年该月累计灰霾天数、深圳上一年该月累计灰霾天数、深圳当年该月灰霾天数、今年年份、上一年份、深圳上一年该月灰霾天数、数据时间、数据唯一标识、md5、爬取时间、系统字段、数据创建时间、系统字段、数据更新时间、数据更新次数、当年累计灰霾天数等字段	生态环境部	日	大气环境处	大气环境质量综合管理系统

序号	数据分类	数据名称	数据明细	数据来源	更新频率	数据主要使用单位	主要应用业务系统
15	大气环境	全国168城市空气质量监测数据	该数据包含监测时间、城市编码、城市名称、二氧化硫、氮氧化物、细颗粒物、可吸入颗粒物、臭氧、一氧化碳、空气质量级别名称、空气质量级别、空气质量状况名称、空气质量状况代码、AQI指数、首要污染物、数据入库时间、数据更新时间、数据来源类型等字段	生态环境部	小时、日、月、季、年	大气环境处	大气环境质量综合管理系统
16	大气环境	全国大气城市综合指数累计排名前20名数据	该数据包含自增序列、标题、空气质量城市月度排名前20名、空气质量城市月度排名后20名、空气质量城市月度累计排名前20名、空气质量城市月度累计排名后20名、爬取时间、数据时间、系统字段的创建时间、系统字段的更新时间、更新次数、数据唯一标识、数据唯一标识（md5加密）、地址等字段	生态环境部	月	大气环境处	大气环境质量综合管理系统
17	大气环境	全国大气168城市综合指数累计排名数据	该数据包含自增序列、城市名称、城市ID、综合指数、数据时间、爬取时间、更新时间、更新次数、排名类型等字段	生态环境部	月	大气环境处	大气环境质量综合管理系统
18	大气环境	深圳市大气工地扬尘点位信息	该数据包含项目名称、监管部门、所属区域、所在街道、项目类型、工地状态、污染源编码、污染源名称、统一社会信用代码、组织机构代码、法定代表人、行业类别代码、所属行政区代码、经度、纬度、状态、数据来源、备注、数据入库时间、数据更新时间、数据来源类型、是否删除、污染企业所属街道名称、行业门类、经纬度多边形、经纬度点、社区编码、行业代码、固定源编码、第二次全国污染源普查状态等字段	深圳市住房和建设局	日	大气环境处	大气环境质量综合管理系统

序号	数据分类	数据名称	数据明细	数据来源	更新频率	数据主要使用单位	主要应用业务系统
19	大气环境	深圳市大气工地扬尘告警信息	该数据包含告警时间、工地项目名称、监管部门、区域、告警类型、告警描述、测点编码、污染源编码、污染源类型、监测因子（污染物）编码、监测因子（污染物）名称、告警类型、频次、告警开始时间、告警结束时间、告警内容、处理状态、处理时间、备注、数据入库时间、数据更新时间、数据来源类型、告警推送状态等字段	深圳市住房和建设局	小时	大气环境处	大气环境质量综合管理系统
20	大气环境	深圳市大气工地扬尘监测数据	该数据包含区域、总悬浮颗粒物、可吸入颗粒物、细颗粒物、监测时间、监测点、污染源编码、监测点编码、监测点名称、监测因子编码、监测因子（污染物）名称、监测因子（污染物）单位、监测时间、监测值、最大监测浓度、最小监测浓度、最大监测折算浓度、平均监测折算浓度、最小监测折算浓度、最大排放量、平均排放量、最小排放量、是否超标、超标倍数、数据标识、备注、数据入库时间、数据更新时间、系统数据来源等字段	深圳市住房和建设局	小时	大气环境处	大气环境质量综合管理系统

2. 采集数据

首先，根据深圳市生态环境局信息系统“白名单”，向各业务部门申请系统登录的链接和系统查看权限，并收集各业务系统的数据库设计文档。然后，分别登录 159 个系统，查看各功能模块的展示界面，将数据项采集到 Excel 表格里，补充生态环境数据清单中未列出的数据项。以深圳市智慧环保平台为例，从数据项采集源头开始逐层次采集确认，智慧监管平台的模块下确定其系统名称为一级类别（如固体废物管理系统），如图 4-3 所示；进入系统后，确定其系统模块作为二级分类（如医疗废物），如图 4-4 所示；进入其模块下一级页面后，确定系统展示界面数据项（如产废单位名称），如图 4-5 所示。

最后，对具体数据项确认后进行检查、补充等规范化操作，最终定为采集数据项（如医疗废物产废单位名称）。

完成系统界面数据项采集后，将生态环境数据清单的数据项与系统界面采集表格里的数据项进行核对，补充展示界面未展示的数据项，记录其一级分类（系统名称）、二级分类（系统模块）、数据项等，形成深圳市生态环境数据采集清单。

图 4-3 一级分类采集页面

图 4-4 二级分类采集页面

图 4-5　数据项采集页面

3. 梳理清单

（1）遵循原则

一是全面性。数据采集清单应采集深圳市生态环境局信息系统“白名单”中所有业务系统的界面数据项，不可遗漏。

二是完整性。数据项应表义完整，具有明确的时间、区域、用途、统计口径和业务范围。例如，“排放量”根据污染类型可分为废气排放量、废水排放量、固体废物排放量和放射性液体排放量，根据统计时间可分为日排放量、月排放量、季排放量和年排放量，根据污染物类型可分为总氮排放量、总磷排放量、烟气排放量，根据区域可分为南山区排放量、宝安区排放量、福田区排放量，还可分为许可排放量和实际排放量、生产排放量和生活排放量、污普排放量和环统排放量等。由此可见，“排放量”有些是指排放介质的质量和体积，有些是指污染物的质量。因此，在定义数据项时，应最大限度地避免歧义，把数据项完整地表述出来，不可省略关键的特性词。

三是唯一性。含义相同、表述不同的两个或多个数据项，应合并为唯一的数据项，避免重复采集。例如，“区域”“辖区”“所属区域”“所属辖区”都可表述为“行政区”。

四是规范性。采用标准规范或行业内约定俗成的表达，如 AQI 表示空气质量指数、

$PM_{2.5}$表示细颗粒物、PM_{10}表示可吸入颗粒物、BC 表示黑炭等。部分有争议的缩写，如 OC，既可表示有机碳（organic carbon），也可表示臭氧（ozone）和石油化学（oil chemistry），应确定其数据含义，采用明确、规范的表达以避免有歧义。

（2）遵循步骤

一是删改数据项。删除与业务关联度较低的数据，如创建时间、创建人、入库时间、用户 ID、PKID、删除标识等数据项。这些数据项主要用于后台管理和系统维护，几乎不具有业务意义，并且不存在溯源需求，因此应进行删除处理。

二是合并数据项。对于相同含义的数据项，应进行合并处理，如“平均风速”和“风速均值”、“固体废物外运处置量”和“固体废物委外处置量”等。

三是规范数据项信息。将使用短称的数据项名称修改为生态环境保护业务已有名称或行业习惯用语，如将“名称”修改为“企业名称”“排污单位名称”“污染源名称”，将“许可证号”修改为“排污许可证编码”，将“区域”“辖区”“所属区域”“所属辖区”修改为“行政区”。

四是整理清单。补充系统名称、系统模块、数据生产单位、数据生产单位联系人等信息，梳理形成深圳市生态环境数据元清单。

4.3 深圳市生态环境数据元清单成果

深圳市生态环境数据元清单共包含 29 182 个系统数据项，见表 4-7。各单位已梳理的数据项数量统计中，由于系统数据敏感，办公室和深圳市生态环境监测站已梳理的系统数据项数量为 0。相关示例见表 4-8。

表 4-7 各单位已梳理的数据项数量统计

序号	机构名称	已梳理系统数据项数量/个
1	办公室	1 068
2	应对气候变化处	173
3	执法监督处	4 121
4	深圳市饮用水源保护管理办公室	202
5	深圳市生态环境监测站	213

序号	机构名称	已梳理系统数据项数量/个
6	深圳市生态环境智能管控中心	12 546
7	深圳市环境科学研究院	502
8	深圳市生态环境局福田管理局	829
9	深圳市生态环境局盐田管理局	326
10	深圳市生态环境局南山管理局	844
11	深圳市生态环境局宝安管理局	2 606
12	深圳市生态环境局龙岗管理局	1 312
13	深圳市生态环境局龙华管理局	208
14	深圳市生态环境局光明管理局	378
15	深圳市生态环境局大鹏管理局	1 576
16	广东省深圳生态环境监测中心站	2 209
17	一带一路环境技术交流与转移中心（深圳）	66
18	合计	29 182

表 4-8　深圳市生态环境数据采集清单示例

序号	系统名称	系统模块	数据项	数据生产单位	数据生产单位联系人	备注
1	污染源废水自动监测管理系统	污染源档案	污染源名称	污染源管理处	***	
2	污染源废水自动监测管理系统	污染源档案	统一社会信用代码	污染源管理处	***	
3	污染源废水自动监测管理系统	污染源档案	污染源编码	污染源管理处	***	
4	污染源废水自动监测管理系统	污染源档案	组织机构代码	污染源管理处	***	
5	污染源废水自动监测管理系统	污染源档案	企业地址	污染源管理处	***	
6	河流水质科技管控系统	1467 小微黑臭水体巡查信息	人工巡查编码	水生态环境处	***	
7	河流水质科技管控系统	1467 小微黑臭水体巡查信息	黑臭水体测点编码	水生态环境处	***	

序号	系统名称	系统模块	数据项	数据生产单位	数据生产单位联系人	备注
8	河流水质科技管控系统	1467 小微黑臭水体巡查信息	黑臭水体 ID	水生态环境处	***	
9	河流水质科技管控系统	1467 小微黑臭水体巡查信息	测点监测数据是否被使用	水生态环境处	***	
10	河流水质科技管控系统	1467 小微黑臭水体巡查信息	透明度	水生态环境处	***	
11	大气环境管理系统	深圳市空气质量目标考核数据	臭氧	大气环境处	***	
12	大气环境管理系统	深圳市空气质量目标考核数据	一氧化碳	大气环境处	***	
13	大气环境管理系统	深圳市空气质量目标考核数据	二氧化氮	大气环境处	***	
14	大气环境管理系统	深圳市空气质量目标考核数据	优良天数	大气环境处	***	
15	大气环境管理系统	深圳市空气质量目标考核数据	优良率	大气环境处	***	

参考文献

[1] 祝守宇，蔡春久，等. 数据标准化：企业数据治理的基石[M]. 北京：电子工业出版社，2023.

[2] 全国信息技术标准化技术委员会. 信息技术 元数据注册系统（MDR） 第 1 部分：框架：GB/T 18391. 1—2009[S]. 北京：中国标准出版社，2009.

[3] 生态环境部办公厅，生态环境部科技标准司. 生态环境信息基本数据集编制规范：HJ 966—2018[S]. 北京：中国环境出版集团，2018.

第 5 章

提炼数据目录

5.1 数据资源目录体系构建方法

5.1.1 定义

中国信通院发布的《数据资产管理实践白皮书 6.0》提出，数据资产（data asset）是指由组织（政府机构、企事业单位等）合法拥有或控制的数据，以电子或其他方式记录，可进行计量或交易，能直接或间接带来经济效益和社会效益。《数据资产管理实践白皮书 6.0》中将“数据资源目录”定义为依据规范的元数据描述，站在组织全局视角对其拥有的全部数据资源进行编目的一组信息，便于对数据资源进行管理、识别、定位、发现、共享，从而达到对数据的浏览、查询、获取等目的。建立数据资源目录，能够让组织准确浏览内部所记录或拥有的线上、线下原始数据资源（如电子文档索引、数据库表、电子文件、电子表格、纸质文档等）。数据资源目录是实现组织内部的数据资产管理、业务协同、数据共享、数据服务，以及组织外部的数据开放、数据服务的基础和依据，有助于提升数据质量、保障数据安全、推动数据的内外部流通，是数据资产化的必要前提。

《政务信息资源目录体系》（GB/T 21063）系列标准对“政务信息资源目录”的定义是对政务信息资源依据规范的元数据描述，按照一定的分类方法进行排序和编码的一组信息，用以描述各个政务信息资源的特征，便于对政务信息资源的检索、定位与获取。政务信息资源目录按资源属性分为基础信息资源目录、主题信息资源目录、部门信息资源目录 3 种类型。其中，基础信息资源目录是对国家基础信息资源的编目；主题信息资源目录是围绕经济社会发展的同一主题领域，由多部门共建形成的政务信息资源目录；部门信息资源目录是对政务部门信息资源的编目。

《中华人民共和国国民经济和社会发展第十四个五年规划和 2035 年远景目标纲要》明确提出了提高数字政府建设水平、健全数据资源目录和责任清单制度、提升国家数据共享交换平台功能等要求，在对“数据资源目录”的名词解释中将其定义为政府按照一定的分类方法，对政务信息资源进行排序、编码、描述，以便检索、定位与获取政务信息资源。

总之，数据目录是现代信息管理和数据管理中的重要工具，通过将数据进行分类和标准化可以更好地组织和管理数据资源，其意义在于提供一种结构化和可管理的方式来组织和访问数据。而数据资源目录可以视为数据目录的“索引”或“导航”工具，能够帮助用户快速定位到数据目录中的数据资源。参照《政务信息资源目录体系》系列标准，本书认为生态环境数据资源目录是指通过对生态环境信息资源依据规范的元数据描述，按照一定的分类方法进行排序和编码的一组信息，用以描述各个生态环境信息资源的特征，以便于生态环境信息资源的检索、定位与获取。基于对生态环境业务系统中数据资源的全面盘点，本书进行了数据资源的梳理与分类编目，划分出业务域和主题域，确定业务对象和数据实体，以便于数据使用人员快速定位数据、理解数据。

5.1.2 构建原则

参照内蒙古自治区生态环境厅发布的地方标准《环境信息资源目录管理技术规范》（DB15/T 3105—2023）的分类原则，生态环境数据资源目录可以按照科学性、系统性、可扩延性、兼容性和实用性五大原则开展编目分类。

科学性：以生态环境数据的稳定属性及其中存在的逻辑关联作为信息分类的依据，充分考虑生态环境数据的特征与发展。该原则强调分类应基于生态环境数据本身的稳定属性及这些属性之间的内在逻辑联系。这意味着分类工作需深入理解生态环境数据的特点及其随时间可能发生的变化趋势，以确保分类体系能够准确地反映生态环境数据的本质特征，是一个科学严谨的过程。

系统性：将生态环境数据的属性或特征按一定排列顺序予以系统化，并形成一个科学合理的分类体系，即要求在构建分类体系时将环境信息的各种属性或特征按照一定的逻辑或重要性排序，形成层次分明、结构清晰的体系。

可扩延性：在类目的扩展上预留空间，以保证增加类目时不打乱已建立的分类体系，同时允许在最后一级分类下制定适用的分类细则。这意味着在设计分类体系时要考虑未来可能新增的信息类型或细节，在考虑类目的层级结构、命名规则、编码规则等时，应预先在架构中留出扩展的空间，在添加新的分类时可以保持与其他业务域或主题域相同的分类层级和命名规范，以确保整个目录的一致性。

兼容性：应与相关标准协调一致，即强调所建立的生态环境数据资源目录应与其他相关国家标准、行业规范等保持一致和协调。充分借鉴参考《政务信息资源目录体系　第 6 部分：技术管理要求》（GB/T 21063.6—2007）、《环境信息分类与代码》（HJ/T 417—2007）、《环境信息元数据规范》等相关国家标准、行业标准、广东省地方标准，以确保标准内容符合深圳市生态环境目录编制规范建设的实际需要。

实用性：在进行分类时，类目设置应在满足系统总任务、总要求的前提下，尽量满足系统内各相关单位的实际需要。分类体系的设计最终要服务于实际应用，因此在确保科学性和系统性的基础上，还需要充分考虑实际使用者的具体需求。

5.1.3　构建步骤

《华为数据之道》一书中的数据资产目录涵盖了华为公司的所有业务数据资产，也是将业务主题域分组作为描述公司数据管理的最高层级分类。书中提到“业界通常有 2 种数据资产分类方式，即基于数据自身特征边界进行分类和基于业务管理边界进行分类。华为公司为了强化企业内业务部门的数据管理责任，更好地推进数据资产建设、数据治理和数据消费建设，采用业务管理边界划分方式”。

数据资源目录五层体系包括主题域→主题→业务对象→实体→属性，其中，主题域是指将业务对象从业务角度高度概括，目的是便于数据的管理和应用，主要面向中高层管理者；主题是指从业务角度将企业数据中某一分析对象的数据进行整合、归类；业务对象是简单的真实世界的软件抽象，表达了一个人、地点、事物或者概念，如人员、订单；一个规范的数据表就是一个实体，E-R 图中的 E 即实体，如人员基本信息、人员奖惩信息；一个实体都具有一些特征和特性，如“人员基本信息”可作为一个实体管理，其特性和特征包括姓名、性别等，这就是该实体的属性。

生态环境主管部门隶属关系明确，生态环境业务层次分明，因此借鉴《华为数据之道》中的编目策略，宜从生态环境业务管理边界出发，以业务场景为驱动，将生态环境数据资源目录体系划分为 5 个层级：L1 业务域、L2 主题域、L3 业务对象、L4 逻辑数据实体、L5 属性。生态环境数据资源目录层级梳理示例见图 5-1。

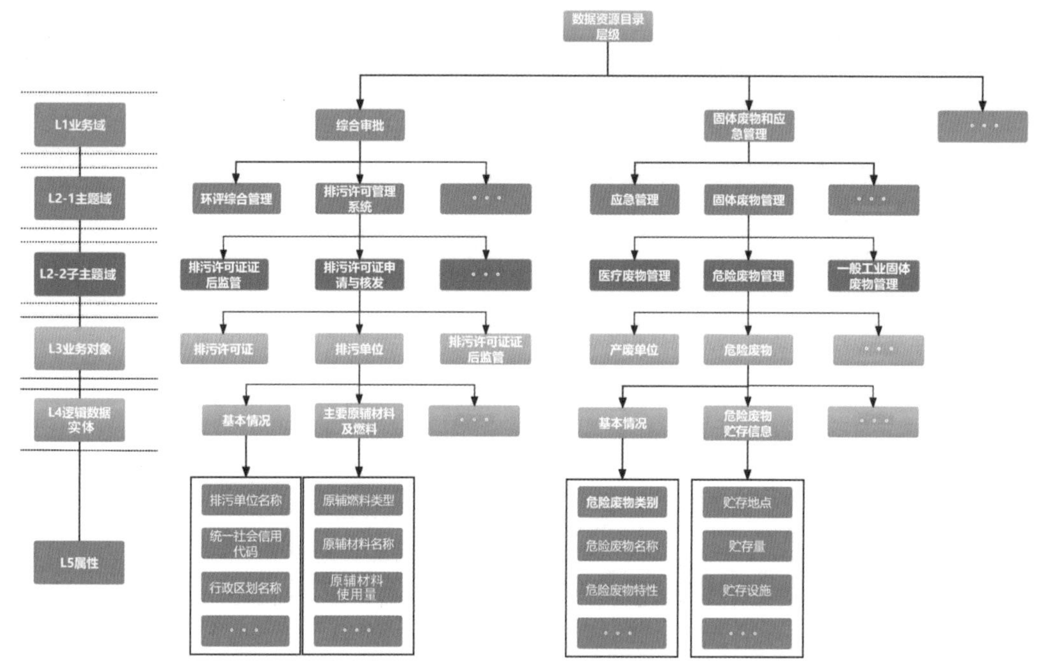

图 5-1 生态环境数据资源目录层级梳理示例

L1 为业务域，是描述深圳市生态环境局数据管理的最高层级分类，采用业务管理边界划分方式，将 L1 业务域分类与深圳市生态环境局内设机构、直属机构和派出机构的职能相匹配，为每个机构提炼出一个核心的业务管理范围，将各机构业务管理范围作为 L1 业务域分类。从实际业务开展角度出发有利于更好地推进各项数据工作。L2 为主题域分类，是互不重叠的数据分类，管辖一组密切相关的业务对象，通常同一个主题域有相同的数据 owner。各机构根据 L1 业务域划分后，梳理本业务域各级业务流程，分为流程组、流程、子流程、细分子流程，直到识别最终业务活动。L3 为业务对象，是信息架构的核心层，用于定义业务领域重要的人、事、物，其架构建设和治理主要围绕业务对象开展。通常可以使用特征法识别业务对象：如果一个对象具备“关键属性”及“唯一身份标识属性”这两个基本特性，就会被视为业务候选对象。业务候选对象需要进一步评估是否具备“业务领域经营或管理不可或缺的人、事、物”“唯一性，即有唯一身份识别信息”“相对独立，并有属性描述”“可实例化存在目标实例”4 个特性。通过这一系列评估，最终确定哪些对象将作为目录体系中的业务对象。L4 是逻辑数据实体，指描述一个业务对象在某方面特征的一组属性的集合。L5 为属性，是信息架构的最小颗粒，用于客观描述业务对象在某方面的性质和特征。

本书基于第 4 章的生态环境数据元清单成果，从确定业务域、主题域分类、识别业务对象、梳理逻辑数据实体及属性清单、构建目录 5 个步骤来构建生态环境数据资源目录体系。

1. 确定业务域

采用业务管理边界划分方式，以各机构的生态环境管理业务范围作为 L1 业务域。第一步，基于 2024 年 4 月 29 日中共深圳市委机构编制委员会办公室印发的《中共深圳市委机构编制委员会办公室关于市生态环境局内设机构设置的通知》（深编办〔2024〕24 号），结合深圳市生态环境局公布的机构职能，梳理其内设机构、直属机构和派出机构的职能（表 5-1）。

表 5-1　深圳市生态环境局机构职能分类

机构分类	机构名称	机构职能
内设机构	办公室	文电、会务、机要、档案
		信息、调研、综合文稿起草、安全、保密、政务公开
		财务、信息化、资产管理
	督查处	环境保护督察
		污染防治攻坚战
		生态环境保护目标和考核
		生态文明建设目标评价考核
		治污保洁考核
		党政同责、一岗双责落实监督
		市生态环境保护委员会办公室日常工作
		内部审计

机构分类	机构名称	机构职能
内设机构	规划发展处	拟订综合性生态环境政策、规划
		参与粤港澳大湾区生态环境保护
		生态保护补偿
		生态环境交流合作
		本市生态环境监测相关工作
		发布本市生态环境综合性报告和重大生态环境信息
		生态环境形势分析
		生态环境质量分析
	政策法规处	拟订实施生态环境领域综合性法规、规章草案和政策
		规范性文件合法性审查
		行政应诉
		生态环境公益诉讼
		生态环境损害赔偿
	科技促进和标准处（宣传教育处）	生态环境领域科技促进工作
		生态环境领域科技体制改革
		生态环境领域科技项目申报及扶持资金资助评审
		生态环境科学研究和技术工程示范
		推进生态环境领域重点实验室、重大科技工程和项目建设
		循环经济和生态环保产业发展
		生态环境领域标准、技术规范和科技成果管理
		全市生态环境保护宣传教育和科普工作
		全局新闻审核和发布
		生态环境舆情收集、研判、应对工作
	水生态环境处	地表水生态环境监管
		监督防治地下水污染
		拟订水污染防治、饮用水水源保护相关法规、规章草案和政策、规划、计划、标准，并监督实施
		拟订并监督实施水功能区划
		拟订饮用水水源保护相关法规、规章草案和政策、规划、标准
		划定、调整饮用水水源保护区

机构分类	机构名称	机构职能
内设机构	水生态环境处	建立并组织实施深圳市水质考核制度
		指导入河排污口设置
	大气环境处	监督管理大气、化石能源等污染防治
		拟订大气、化石能源等污染防治相关法规、规章草案和政策规划、计划、标准，并监督实施
		大气环境质量改善目标落实情况考核
		大气环境功能区划拟订和监督实施
		重污染天气应对
		重点区域大气污染联防联控协作
		大气面源污染防治
	自然生态和海洋生态环境处（土壤生态环境处）	拟订自然生态相关法规、规章草案和政策、规划、计划、标准，并监督实施
		生态保护修复
		生态保护规划
		生态状况评估
		生态示范创建
		自然保护地监管
		生态保护红线监管
		生物多样性保护
		拟订海洋生态环境保护政策、规划
		海洋生态环境监管（监督陆源污染物排海、防治海岸和海洋工程建设项目及废弃物海洋倾倒对海洋污染损害的生态环境保护）
		指导入海排污口设置
		土壤污染防治
		土壤生态保护监督管理
		农业面源污染治理
	固体废物和化学品处（环境应急管理处）	固体废物、化学品、重金属和新污染物污染防治的监督管理
		拟订相关法规、规章草案和政策、规划、计划、标准，并组织实施
		医疗废物经营许可、拟退役关闭固体废物（不包括生活垃圾）集中处置设施、废弃电器电子产品处理企业资格行政审批
		环境安全管理

机构分类	机构名称	机构职能
内设机构	固体废物和化学品处（环境应急管理处）	突发环境事件应急监督管理（突发环境事件应急预案管理和应急能力建设，突发环境事件应急预警、响应、处置、信息发布，突发环境事件调查处理）
	环境影响评价和排放管理处（审批综合处）	权限内规划环境影响评价、政策环境影响评价、项目环境影响评价工作
		权限审批海岸和海洋工程建设项目环境影响评价文件
		排污许可综合协调和管理
		生态环境准入清单拟定与实施
		政务服务改革
		行政审批服务事项标准化
	应对气候变化处	综合分析气候变化对经济社会发展的影响
		拟订应对气候变化规划和政策
		温室气体排放
		绿色低碳发展
		气候变化发展
		碳排放交易、碳普惠工作
		生态环境保护领域改革相关工作
	污染源管理处（信访办公室）	污染源管理相关法规、规章草案和政策、规划、计划、标准，并监督实施
		噪声、光等污染防治的监督管理
		声环境功能区划拟订和监督实施
		污染减排（污染物排放总量控制、年度减排任务分解落实、污染减排考核）
		工业污染防治
		环境统计
		污染源普查
		排污权有偿使用和交易
		强制性清洁生产审核
		生态环境信访和维稳工作
		涉环保项目邻避问题防范化解工作

机构分类	机构名称	机构职能
内设机构	移动源排放管理处	拟订移动源大气污染物防治相关法规、规章草案和政策、规划、计划、标准，并组织实施
		全市机动车、非道路（含建筑工地、港口、机场等场所）移动机械、船舶等移动源和加油站、储油库、机动车排放检验机构等涉移动源的大气污染物防治的监督管理
		组织实施在用机动车排气污染检测与强制维护制度
		机动车环保车型目录管理和环保车型审验
		推广应用先进的移动源污染防治技术、检测技术
		组织协调移动源污染区域联防联控工作
	核与辐射安全管理处（市核与辐射安全监管局、市核应急管理办公室）	民用核与辐射安全的监督管理（拟订民用核与辐射安全监管有关政策、规划，并组织实施）
		核与辐射环境监测
		民用核设施事故场外应急
		辐射环境事故应急处理
		核与辐射相关许可审批及备案
		核技术应用、电磁辐射、伴生放射性矿物质资源开发利用项目环评文件审批及其日常监管
		监督管理辐射环境及核技术应用中的污染防治
		核与辐射信访投诉处理
		核与辐射行政执法
		统筹协调和监督指导各辖区管理局开展核与辐射安全监管
	执法监督处	拟订生态环境领域相关执法制度、程序、规范并组织实施
		监督全市生态环境保护执法工作
		牵头协调跨区、重大、复杂案件的查处
		实施建设项目环境保护设施同时设计、同时施工、同时投产使用制度
		执法数字化监管工作
		环境信息依法披露、监督执法正面清单工作
	机关党委（人事处）	党群、纪检工作
		干部人事、机构编制
		劳动工资
		教育培训
		外事
		离退休人员服务

机构分类	机构名称	机构职能
直属机构	深圳市饮用水源保护管理办公室	饮用水水源保护管理
		饮用水水源保护计划、方案制定并组织实施
		饮用水水源环保专项督察对接
		落实饮用水水源保护责任
		饮用水水源保护专项行动
		饮用水水源保护区巡查
		指导和监督各区管理局饮用水水源监管
		建立饮用水水源预警预报机制，饮用水水源突发环境事件应急处理
	深圳市生态环境监测站	执法监测
		污染源监测
		突发生态环境事件应急监测
		配合开展生态环境执法
		市级及以下生态环境监测网络的建设和管理
		生态环境监测的质量管理
	深圳市生态环境智能管控中心	生态环境智能管控平台的建设和管理
		生态环境基础数据的整合、管理、交换、共享及应用
		生态环境大数据应用研究
		生态环境保护宣传教育
		环境影响评价报告的技术审查、技术应用研究和技术体系建设
		生态环境专项资金评审
		为全局新闻审核、新闻发布，舆情收集、研判、应对工作提供技术支撑
	深圳市环境科学研究院	生态环境科学、环境保护技术及环境管理的科学研究
		水、大气、土壤、固体废物等的污染防治及生态保护修复、应对气候变化的技术支撑工作
		承担重大生态环境科技攻关任务、生态环境重点科研项目
		生态环境重点实验室建设
		环境损害司法鉴定
		生态环境污染控制技术研发、生态环境科技成果转化和咨询服务
		参与研究生态环境规划、政策、法规标准、技术规范

机构分类	机构名称	机构职能
派出机构	深圳市生态环境局各区（福田、罗湖、盐田、南山、宝安、龙岗、龙华、坪山、光明、大鹏、深汕）管理局	辖区生态环境保护监督管理工作
		辖区大气、水、海洋、土壤、噪声、光、恶臭、固体废物、化学品、机动车等污染防治
		辖区范围内生态环境行政许可
		落实建设项目环境保护设施同时设计、同时施工、同时投产使用制度
		以自身名义负责辖区生态环境执法工作（依法查处生态环境违法行为，依法开展污染防治、生态保护、核与辐射安全等方面的日常监督检查）
		辖区内生态环境信访维稳
		辖区内生态环境保护有关宣传教育活动
		市局交办的其他工作，配合辖区政府开展相关工作

第二步，根据各机构的职能明确生态环境业务管理边界，提炼出每个机构的业务管理范围，将管理范围作为 L1 业务域（表 5-2）。

表 5-2　L1 业务域分类

序号	机构名称	一级分类
1	办公室	行政办公
2	督查处	环境督察
3	规划发展处	规划发展
4	政策法规处	政策法规
5	科技促进和标准处（宣传教育处）	宣传教育
6	水生态环境处	水环境管理
7	大气环境处	大气环境管理
8	自然生态和海洋生态环境处（土壤生态环境处）	生态环境管理
9	固体废物和化学品处（环境应急管理处）	固体废物和应急管理
10	环境影响评价和排放管理处（审批综合处）	综合审批
11	应对气候变化处	气候变化管理
12	污染源管理处（信访办公室）	固定污染源管理
13	移动源排放管理处	移动污染源管理
14	核与辐射安全管理处（市核与辐射安全监管局、市核应急管理办公室）	核与辐射
15	执法监督处	环境执法
16	机关党委（人事处）	机关党委

序号	机构名称	一级分类
17	深圳市饮用水源保护管理办公室	水源保护
18	深圳市生态环境监测站	环境监测
19	深圳市生态环境智能管控中心	智能管控
20	深圳市环境科学研究院	环境科学研究
21	深圳市生态环境局各区（福田、罗湖、盐田、南山、宝安、龙岗、龙华、坪山、光明、大鹏、深汕）管理局	辖区生态环境管理

在确定管理范围时，应先依据机构的名称来概括其业务管理范围，再评估这一范围能否准确反映机构的职能，并确保它与其他机构的职能互不重叠、相互独立。如果发现某个业务范围不符合这些条件，需要进行相应的优化和调整。例如，根据办公室的职能，可以直接将其业务管理范围定义为“行政办公”，这个范围不仅准确地反映了办公室的职能，而且与其他机构的职能没有重叠。然而在确定污染源管理处的业务管理范围时，虽然从名称上看似乎其管理业务为“污染源管理”，但进一步分析发现，污染源实际上包含了固定源和移动源两大类别，由于移动源排放管理处已经负责了移动源的管理，为了避免职能重叠，我们将污染源管理处的业务管理范围更精确地定义为“固定污染源管理”。

按照上述方法梳理，一级分类包含行政办公、环境督察、规划发展、政策法规、宣传教育、水环境管理、大气环境管理、生态环境管理、固体废物和应急管理、综合审批、气候变化管理、固定污染源管理、移动污染源管理、核与辐射、环境执法、机关党委、水源保护、环境监测、智能管控、环境科学研究和辖区生态环境管理等大类，各级类目可根据生态环境管理业务类别进行扩展。

2. 主题域分类

在对 L1 业务域进行划分的基础上，根据各业务域下差异化的业务职能，逐步细化主题域，将主题域划分为流程组、流程、子流程、细分子流程，并识别业务活动及活动描述（图 5-2）。L1 业务域即属于业务流程中大的分类（流程类），如行政办公、环境督察、综合审批等。L2-1 主题域是按照每个流程类中具体的业务环节划分出流程组；L2-2 子主题域是在每个流程组中细分的流程；如果流程下存在子流程，可以继续划分出 L2-3 子主题域、L2-4 子主题域，依此类推，最终指向具体的业务活动。

图 5-2　业务流程梳理方法

以 L1 业务域的“综合审批”类目为例，其业务职能包括权限内规划环境影响评价、政策环境影响评价、项目环境影响评价、按权限审批海岸和海洋工程建设项目环境影响评价文件、排污许可综合协调和管理、生态环境准入清单拟定与实施、政务服务改革和行政审批服务事项标准化等，涉及以上业务的信息系统包括环评综合管理系统和排污许可管理系统。因此，结合深圳市生态环境数据元清单，优先梳理环评综合管理和排污许可管理 2 个业务的数据目录，则 L1 业务域“综合审批”类目下 L2-1 主题域可分为“环评综合管理”“排污许可管理”等；查看“环评综合管理”和“排污许可管理”的业务流程，发现“环评综合管理”又可分为“建设项目审批”和“建设项目备案”2 个子业务，“排污许可管理”可分为“排污许可重点管理”、“排污许可简化管理”和“排污许可登记管理”3 个子业务，这些子业务即为 L2-2 子主题域。当然，L2-2 子主题域可继续细分为 L2-3 子主题域。表 5-3 为 L1 主题域分类示例。

表 5-3 L1 主题域分类示例

序号	业务分类			
	L1 业务域	L2-1 主题域	L2-2 子主题域	L2-3 子主题域
1	综合审批	环评综合管理	建设项目审批	…
2	综合审批	环评综合管理	建设项目备案	…
3	综合审批	排污许可管理	排污许可重点管理	…
4	综合审批	排污许可管理	排污许可简化管理	…
5	综合审批	排污许可管理	排污许可登记管理	…

3. 识别业务对象

本书使用特征法识别业务对象，通过评估“关键属性”及“唯一身份标识属性”这 2 个基本特性罗列业务候选对象，再通过“业务领域经营或管理不可或缺的人、事、物”“唯一性，即有唯一身份识别信息”“相对独立，并有属性描述”“可实例化存在目标实例”这 4 个特性识别出业务对象。

第一个特性“业务领域经营或管理不可或缺的人、事、物”是指针对业务对象，通常会有相应的业务流程、组织或 IT 系统进行管理，业务对象的 owner 明确且边界清晰。第二个特性“唯一性，即有唯一身份识别信息”是指业务对象具有唯一的身份标识信息，能区分业务对象具有唯一身份实例，可以通过唯一标识准确检索并支持跨领域分布共享引用。第三个特性“相对独立，并有属性描述”是指可独立存在，可获取、传输、使用并发挥价值，同时有生命周期和状态变化，即便随时间推移状态发生变化，业务对象也不会发生本质变化，并且可以与其他业务对象关联，但不是从属关系。第四个特性“可实例化存在目标实例”是指业务对象一般为主数据和事务数据，存在具体实例，通常需明确 owner，定义架构标准，度量监控，才能有效管理。

例如，环评综合管理业务的业务流程（图 5-3）包括建设项目审批和建设项目备案，审批类业务的候选业务对象包括建设项目、建设单位、环评报告、专家、环评批复，备案类业务的候选业务对象包括建设项目、建设单位、环评报告、专家、环评备案。经判断（表 5-4），审批类业务和备案类业务的候选业务对象均符合特性要求，但其中的“建设项目”“建设单位”“环评报告”“专家”属于不同状态的业务对象，需要合并，因此环评综合管理的业务对象为建设项目、建设单位、环评报告、专家、环评批复和环评备案。

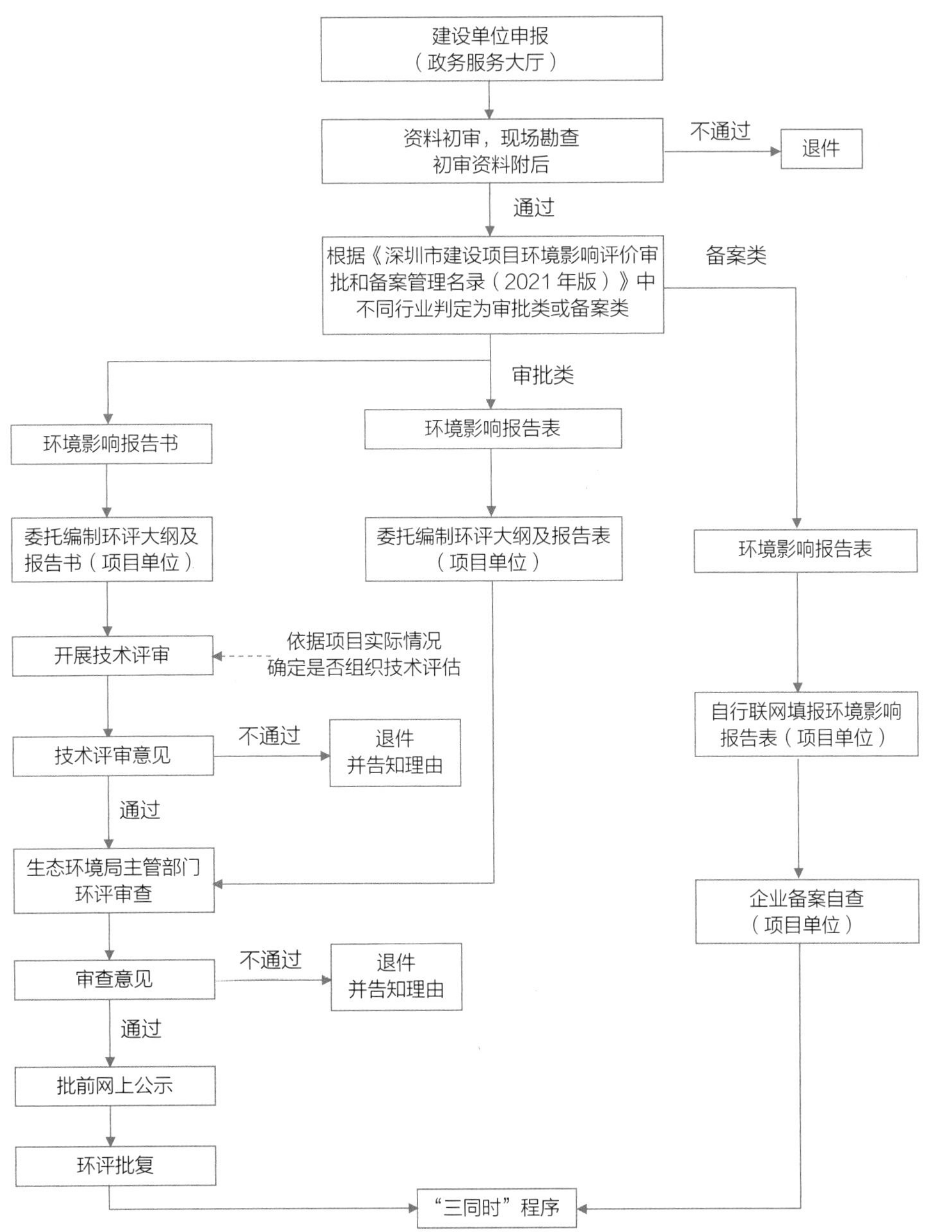

图 5-3　环评综合管理业务流程

表 5-4 环评综合管理业务对象判断示例

候选业务对象			业务对象判定						原则：①重用已有的业务对象；②合并不同状态的业务对象；③忽略业务对象的不同载体；④抽象整合业务对象
*候选业务对象	*关键属性	*唯一身份标识属性	*业务领域经营或管理不可或缺的人、事、物	*唯一性，即有唯一身份识别信息	*是否相对独立，并有属性描述	*可实例化存在目标实例	*是否是业务对象	*业务对象名称	
建设项目	审批类型	建设项目名称	Y	Y	Y	Y	Y	建设项目	
建设单位	建设单位名称	建设单位名称	Y	Y	Y	Y	Y	建设单位	
环评报告	报告类型	报告名称	Y	Y	Y	Y	Y	环评报告	
专家	专家姓名	专家姓名	Y	Y	Y	Y	Y	专家	
环评批复	批复文号	批复文号	Y	Y	Y	Y	Y	环评批复	
建设项目	审批类型	建设项目名称	Y	Y	Y	Y	Y	建设项目	使用原则的第 2 条，合并这些业务对象
建设单位	建设单位名称	建设单位名称	Y	Y	Y	Y	Y	建设单位	
环评报告	报告类型	报告名称	Y	Y	Y	Y	Y	环评报告	
专家	专家姓名	专家姓名	Y	Y	Y	Y	Y	专家	
环评备案	备案编号	备案编号	Y	Y	Y	Y	Y	环评备案	

注：*项为必填项。

4. 梳理逻辑数据实体及属性清单

在实际应用中，L4 逻辑数据实体常与数据库中的信息表相对应。这些信息表是数据库架构的基石，负责存储和管理业务对象的各项属性信息。逻辑数据实体属性清单示例见表 5-5。针对识别的业务对象及业务属性项，可以从业务视角进行属性分组，通常情况下逻辑数据实体可以基于属性反推，最终整理形成 L4 逻辑数据实体及 L5 属性。

表 5-5　逻辑数据实体属性清单示例

序号	主题域分组及主题域				业务对象（L3）	逻辑数据实体（L4）			属性（L5）				
	*L1-业务域	*L2-1 主题域	*L2-2 子主题域	*L2-3 子主题域	*业务对象（CHN）	*逻辑数据实体（CHN）	逻辑数据实体定义	*数据分类	*数据项名称（ENG）	数据项名称（CHN）	数据项示例值	数据项数据类型	数据项定义
1	综合审批	排污许可管理	排污许可管理类	排污许可证申请与核发	排污单位	基本情况		基础数据		排污单位名称			
2										统一社会信用代码			
3										行政区划名称			
4										行业类别			
5										所属流域			
6								注册数据		总计注册量			
7										新增注册量			
8										申请前信息公开新增量			
9										申请前信息公开总计量			
10										注册时间			
11						产品与产能		生产设施数据		生产设施名称			
12										生产设施编码			
13										生产设计值			

注：*项为必填项，其他项目为选填项。

例如，污染源的信息表“污染源废气排放信息”和“污染源废水排放信息”正是 L4 逻辑数据实体的具体实例，分别记录了污染源在大气排放和废水排放方面的具体数据项，如“排放口数量”“排放浓度”“排放标准”等。这些具体的数据项正是 L5 属性的范畴，它们共同构成了 L4 逻辑数据实体的内容。因此，可以说“污染源废气排放信息”和“污染源废水排放信息”是 L4 逻辑数据实体的具体实例，而“排放口数量”“排放浓度”“排放标准”等是这些逻辑数据实体的 L5 属性。

5. 构建目录

首先，基于深圳市生态环境数据元清单，将数据项全部归纳进已初步确定的类目分类下，针对那些难以直接归入现有分类的数据项，应对分类体系进行扩展修改，以确保所有信息得以恰当安置；其次，在每个层级的类别中增设“其他”分类，用于存放相应类目中未细分的专题、指标等信息或未来可能出现的信息类型；最后，整理序号、L1 业务域、L2-1 主题域、L2-2 子主题域、L2-3 子主题域、L4 逻辑数据实体和 L5 属性等内容，形成深圳市生态环境数据资源目录。

5.2 深圳市生态环境数据资源目录成果

将深圳市生态环境数据元清单再次提炼、归纳形成深圳市生态环境数据资源目录，共 21 个业务域、159 个主题域、301 个子主题域、29 179 个属性。表 5-6 列出了目录中 L1 业务域、L2-1 主题域、L2-2 子主题域、L2-3 子主题域、L3 业务对象、L4 逻辑数据实体和 L5 属性等部分内容。

表 5-6 生态环境数据资源目录示例

序号	*L1-业务域	*L2-1主题域	*L2-2子主题域	*L2-3子主题域	L3 业务对象	L4 逻辑数据实体	L5 属性
1	综合审批	排污许可管理	排污许可管理类	排污许可证申请与核发	排污单位	基本情况	排污单位名称
2							统一社会信用代码
3							行政区划名称
4							行业类别
5							所属流域
6							总计注册量

序号	*L1-业务域	*L2-1 主题域	*L2-2 子主题域	*L2-3 子主题域	L3 业务对象	L4 逻辑数据实体	L5 属性
7	综合审批	排污许可管理	排污许可管理类	排污许可证申请与核发	排污单位	基本情况	新增注册量
8							申请前信息公开新增量
9							申请前信息公开总计量
10							注册时间
11						产品与产能	生产设施名称
12							生产设施编码
13							生产设计值
14							产品名称
15							产品编码
16							生产能力值
17						主要原辅材料及燃料	原辅燃料类型
18							原辅材料名称
19							原辅材料设计使用量
20						排污节点及污染治理设施	治理设施名称
21							治理设施编号
22							治理设施工艺方法
23						大气排放信息	大气主要排放口合计
24							大气一般排放口合计
25							大气排放口合计
26						废水排放信息	水主要排放口合计
27							水一般排放口合计
28							水排放口合计
29						大气排放总许可量	区域大气有组织污染物许可排放总量
30							区域大气无组织污染物许可排放总量
31							区域大气污染物许可排放总量合计
32							二氧化硫许可年排放量限值
33							氮氧化物许可（第一年/第二年/第三年/第四年/第五年）年排放量限值
34							颗粒物许可年排放量限值
35							挥发性有机物许可年排放量限值

序号	*L1-业务域	*L2-1 主题域	*L2-2 子主题域	*L2-3 子主题域	L3 业务对象	L4 逻辑数据实体	L5 属性
36	综合审批	排污许可管理	排污许可管理类	排污许可证申请与核发	排污单位	废水排放总许可量	区域水污染物许可排放总量
37							重铬酸钾指数许可年排放量限值
38							氨氮许可年排放量限值
39							总氮许可年排放量限值
40							总磷许可年排放量限值
41							总汞许可年排放量限值
42							总镉许可年排放量限值
43							总铬许可年排放量限值
44							六价铬许可年排放量限值
45							总铅许可年排放量限值
46							总银许可年排放量限值
47							总铜许可年排放量限值
48						废水排放总许可量	烷基汞许可年排放量限值
49							总砷许可年排放量限值
50							总铍许可年排放量限值
51							总α放射性许可年排放量限值
52							总β放射性许可年排放量限值
53						自行监测要求	自行监测位置
54							自行监测项目
55						执行报告要求	报表名称
56							报表类型
57							执行报告期
58						固体废物排放信息	…
59						环境管理台账记录要求	…
60						信息公开要求	…

序号	*L1-业务域	*L2-1 主题域	*L2-2 子主题域	*L2-3 子主题域	L3 业务对象	L4 逻辑数据实体	L5 属性
61	综合审批	排污许可管理	排污许可管理类	排污许可证申请与核发	排污许可证	审批数据	办理类型
62							提交时间
63							审批节点
64							提交审批机关级别
65							时限（剩余工作日/到期时间）
66							限批流域
67							不予受理量
68							审批不通过量
69							待受理量
70							审批中量
71						发证量统计	有效期内许可证数量
72							申请发证量
73							补充申报发证量
74							变更发证量
75							延续发证量
76							注销量
77							重新申请发证量
78							排污许可证发证量
79						发证数据	发证日期
80							发证时间
81							核发机关
82							办结时间
83							排污许可证编号
84							有效期限
85							许可证管理类别
86							许可内容
87				排污许可证证后监管	排污单位	自行监测	自行监测时间
88							自行监测值
89							自行监测超达标情况
90						执行报告提交	…

注：*项为必填项，其他项目为选填项。

5.3 深圳市创新之处

一是业务管理要素驱动的数据资源分类创新。深圳市生态环境数据资源目录以业务管理要素为驱动力，结合各机构的职能，从粗到细梳理各级业务流程，实现跨部门数据资源的整合，推动数据的共享与协作，提高数据资源的整体利用率。通过系统性地梳理和整合各部门、各业务领域的数据资源，实现信息的无缝对接和高效流通，为业务决策提供了全面、准确的数据支持。同时，该数据资源目录分类、命名和格式的统一确保了数据的一致性和可理解性，降低了数据管理和利用的成本，为后续的数据标准贯彻奠定了坚实基础。此外，基于业务管理要素的数据资源目录还展现了良好的易用性和可检索性，各业务部门可以根据自身的业务需求和关注点快速定位到相关数据资源，大大提高了数据检索的效率和准确性。

二是高度精细化的分类方法。深圳市生态环境数据资源目录的五大层级结构——L1业务域、L2 主题域、L3 业务对象、L4 逻辑数据实体和 L5 属性，从最高层级的业务域出发，逐步细化至具体的业务对象，乃至最底层的属性。这种高度精细化的分类方法使原本庞杂、分散的数据变得清晰、有序，形成了一个完整的数据资源网络，实现了对生态环境数据系统化、层次化的梳理和整合。这种精细化的分类不仅便于数据的检索和管理，还能够更准确地反映数据的业务背景和应用场景，从而提高数据的使用效率和价值。在体系的设计过程中，特别强调了业务流程与数据的深度融合，使每个层级都与特定的业务流程相对应，以确保数据能够直接服务于业务决策和运营。此外，体系通过明确业务对象的定义和逻辑数据实体的刻画，进一步增强了数据的实用性和针对性。最后，随着生态环境治理工作的不断深入和业务拓展的需要，体系能够方便地添加继续细分的新的业务域、主题域、业务对象等，以适应新的业务需求，展现出了良好的灵活性和可扩展性。

参考文献

[1] 内蒙古自治区生态环境厅. 环境信息资源目录管理技术规范：DB15/T 3105—2023[S]. 2023.

[2] 全国信息技术标准化委员会. 政务信息资源目录体系：GB/T 21063—2007[S]. 北京：中国标准出版社，2007.

[3]　华为公司数据管理部. 华为数据之道[M]. 北京：机械工业出版社，2020.

[4]　大数据技术标准推进委员会. 数据资产管理实践白皮书 6. 0[R/OL].（2023-01）[2024-10-29]. https：//www. sgpjbg. com/baogao/111944. html.

[5]　全国人民代表大会常务委员会. 中华人民共和国国民经济和社会发展第十四个五年规划和 2035 年远景目标纲要[EB/OL].（2023-03-11）[2024-10-29]. https：//www. gov. cn/xinwen/2021-03/12/content_5592644. htm.

[6]　国家环境保护总局科技标准司. 环境信息分类与代码：HJ/T 417—2007[S]. 北京：中国环境科学出版社，2007.

[7]　环境保护部办公厅、科技标准司. 环境信息元数据规范：HJ 720—2017[S]. 北京：中国环境出版集团，2017.

第6章

编制数据字典

6.1 数据字典体系构建方法

6.1.1 定义

根据生态环境部印发的《环境与健康数据字典（第一版）》，数据字典是指按照一定顺序、一定规则和内容说明方式对数据元和术语进行描述的集合。

编制生态环境数据字典的目的是指导数据采集者和数据使用者用相同的标准采集和分析数据，从源头保证对不同来源的生态环境数据有准确、一致的理解和表达，为有效实现生态环境信息共享和互联互通、从源头提升生态环境数据质量奠定基础。

6.1.2 编制原则

1. 以《环境与健康数据字典（第一版）》为依据进行表达

深圳市生态环境数据字典参考《环境与健康数据字典（第一版）》，将数据元属性以列表表示，包含标识类、定义类、表示类、关系类及附加类5项16个属性。其中，标识类包括中文名称、英文名称、元数据项类型，定义类包括定义，表示类包括表示类别、数据类型、表示格式、最小长度、最大长度、允许值和计量单位，关系类包括使用指南和标准引用。

2. 以满足业务应用为原则

深圳市生态环境数据字典在内容安排上采取应纳尽纳的原则，以满足生态环境监管业务的应用要求。在确定纳入该数据字典中的数据元时，主要采取以下原则：目前已有成熟标准的数据元优先纳入；《排放源统计调查制度》中的统计指标优先纳入；目前正在开展的生态环境监管业务中涉及的数据元优先纳入，以业务系统中的数据项为主。

3. 与现有标准相兼容原则

凡是在现有的国家标准、广东省的地方标准、环境信息行业标准中已经涵盖的数据元或者值域代码，按照现有标准中的规范进行引用，其他省（区、市）的地方标准也可作为补充依据。

6.1.3 编制步骤

为指导数据采集者和数据使用者用相同的标准采集和分析数据，应从源头保证对不同来源的生态环境数据有准确、一致的理解和表达。编制步骤如下：

1. 查阅类似标准的大纲和内容分布

查阅相关国家标准、生态环境行业标准和深圳市地方标准，参考其大纲、章节题目和内容分布等。例如，生态环境部发布的《固定污染源基本数据集 第 1 部分 基础信息》规定了固定污染源基础信息数据集的元数据和相关数据元的元数据技术要求，由适用范围、规范性引用文件、术语和定义、固定污染源基础信息数据集的元数据描述、基础信息数据集相关数据元的元数据和附录 A 表示格式规范表 6 个部分构成；《环境与健康数据字典（第一版）》规定了数据元和术语的属性，对环境与健康领域常用的数据元和术语进行标准化，由目的意义、框架结构、数据元表达、术语表达、其他 5 个部分构成；山东省发布的《生态环境数据元技术规范》（DB 37/T 4414）等系列标准规范了排污单位监督性监测业务和排污单位自动监控业务的数据元，标准内容包括范围、规范性引用文件、术语和定义、数据元属性描述、排污单位监督性监测数据元列表和附录（排污单位监测公共数据元目录、排污单位监督性监测数据元目录和代码表）6 个部分构成。

2. 确定《数据字典集》章节分布

参考相关标准的大纲、格式和内容编制深圳市生态环境数据字典。该数据字典共分为定义、目的、作用、编制原则、范围、数据元表达、污染源相关数据元、参考文献 8 个章节，其中数据元表达又包括数据元名称和数据元属性。

3. 《数据字典集》内容编制

以《环境与健康数据字典（第一版）》为切入点，结合深圳市生态环境局数据管理需求编制定义、目的、作用、编制原则、范围和数据元名称相关内容。

（1）数据元属性

参考《环境与健康数据字典（第一版）》，将数据元属性分为标识类、定义类、表示类、关系类及附加类 5 项 15 个属性，其中表示类包括中文名称、中文短名、英文名称、英文短名，定义类包括定义，关系类包括使用指南和标准引用，表示类包括表示类别、数据类型、表示格式、最小长度、最大长度、允许值和计量单位。

《环境与健康数据字典（第一版）》的数据元属性是以《环境信息元数据规范》为依据制定的，而《环境信息元数据规范》中关于元数据属性的描述方法参考了《电子政务数据元　第 1 部分：设计和管理规范》（GB/T 19488.1—2004）的相关内容，因此深圳市生态环境数据字典对数据元属性的描述主要参考《环境信息元数据规范》和《电子政务数据元　第 1 部分：设计和管理规范》。

（2）数据元筛选及描述

依据《深圳市生态环境局生态环境数据管理办法（试行）》中的生态环境数据分类（生态环境质量数据、污染源数据、生态环境管理数据和其他数据），结合实际补充生态环境管理业务数据；从深圳市生态环境数据清单和《排放源统计调查制度》中梳理出与深圳市生态环境数据字典相关的数据元，同时按照相关原则分别筛选出生态环境质量数据、污染源数据、生态环境管理数据和其他数据管理业务数据元；准确描述数据元的中文名称、中文短名、英文名称、英文短名、定义、使用指南、标准引用、表示类别、数据类型、表示格式、最小长度、最大长度、允许值和计量单位。

业务筛选原则：①对于持续性业务，筛选出每年/每季/每月/持续开展的生态环境管理业务；②对于专项/专题业务，筛选出正在开展的专项/专题业务，已经结束且数据不再使用的专题业务可不进行数据字典编制。业务筛选示例见表 6-1。

数据元筛选原则：仅筛选未经过任何计算的原始数据元，满足以下条件之一即可。①共享性，即该数据元在其他业务或系统中被使用到；②价值性，即该业务数据有较高的价值，如可能会作为统计指标或能够辅助决策。数据元筛选示例见表 6-2。

表 6-1 业务筛选示例

序号	业务名称	开展时间	业务数据是否被使用	是否进行数据字典编制	备注
例 1	排污许可管理	持续开展	是	是	
例 2	深圳市排污单位环境信用管理	每季度	是	是	
例 3	“利剑一号”专项执法行动	2017 年 11 月	否	否	
例 4	“无废城市”建设	2019—2035 年	是	是	《深圳市“十四五”时期“无废城市”建设实施方案》

表 6-2 数据元筛选示例

序号	数据元名称	是否原始数据	是否具有共享性	是否具有价值型	是否编制数据字典
例 1	危险废物贮存量	是	是	是	是
例 2	废水监测点超标率	否	否	是	否
例 3	固体废物自行利用处置计划（含预处理）附件	是	否	否	否

6.2 深圳市生态环境数据字典成果

深圳市生态环境数据字典对国家标准、地方标准和行业标准中涉及的生态环境数据元规范进行汇编，同时结合深圳市生态环境数据清单中的生态环境数据、《排放源统计调查制度》中的指标和深圳市环境管理相关系统中的数据项，对合并去重后的数据进行规范化描述，准确说明数据的各项特征，使各单位对数据的定义、取值、格式、质量、处理方法和获取方式等各方面有更深入、细致的了解，从而实现数据语义的统一。深圳市生态环境数据字典包含数据分类、序号、中文名称、中文短名、英文名称、英文短名、定义、使用指南、标准引用、表示类别、数据类型、表示格式、最小长度、最大长度、允许值和计量单位等内容，相关示例见表 6-3。

表 6-3 生态环境数据字典示例

类别	序号	中文名称	中文短名	英文名称	英文短名	元数据项类型	定义	使用指南	标准引用	表示类别	数据类型	表示格式	最小长度	最大长度	允许值	计量单位
固定污染源—工业源—基础信息	1	工业企业名称	gyqymc	Industrial Enterprise-Name	ind_ent_name	数据元	工业企业经工商行政管理部门核准、进行法人登记的名称	工业企业名称按经工商行政部门核准、进行法人登记的名称填写，在填写时应使用规范化汉字全称，即与企业盖章所使用的名称一致	—	文本	字符型	a.255	4	255	符合《信息交换用汉字编码字符集·基本集》（GB/T 2312—1980）的要求，不得使用外文、字母和阿拉伯数字	—
	2	工业企业统一社会信用代码	gyqytyshxydm	Industrial Enterprise - Unified Social Credit Identifier	ind_ent_unisoc_cred_id	数据元	统一社会信用代码是每个法人和其他组织在全国范围内唯一的、终身不变的法定身份识别码	根据《国务院关于批转发展改革委等部门法人和其他组织统一社会信用代码制度建设总体方案的通知》（国发〔2015〕33 号），自 2015 年 10 月 1 日起，国家推行营业执照、组织机构代码证和税务登记证三证合一政策。按照编码规则，统一社会信用代码为 18 位，由 5 个部分组成：第一部分（第 1 位）为登记管理部门代码，9 表示工商部门；第二部分（第 2 位）为机构类别代码，1 表示企业，2 表示个体工商户，3 表示农民专业合作社；第三部分	《法人和其他组织统一社会信用代码编码规则》（GB 32100—2015）《全国组织机构代码编制规则》	代码	字符型	an18 或 n9	9	18	9 或 18 位数字或字母组合	—

类别	序号	中文名称	中文短名	英文名称	英文短名	元数据项类型	定义	使用指南	标准引用	表示类别	数据类型	表示格式	最小长度	最大长度	允许值	计量单位
固定污染源—工业源—基础信息	2							（第 3～8 位）为登记管理机关行政区划码；第四部分（第 9～17 位）为全国组织机构代码；第五部分（第 18 位）为校验码。其中，全国组织机构代码是由国家授权的权威管理机构向我国境内依法注册、依法登记的企业、事业单位、机关、社会组织（社会团体、民办非企业单位）和个体工商户（有工商营业执照、有注册名称和字号、有固定经营场所并开立银行账号）及其他组织颁发的一个唯一的、始终不变的代码标识，由 8 位无属性的数字和 1 位校验码组成。填写时，要按照《全国组织机构代码编制规则》（GB 11714—1997）编制，由技术监督部门颁发的“中华人民共和国组织机构代码证”上的代码填写。 若有三证合一的统一社会信用代码，则填写 18 位代码；若无，则填写第 9～17 位全国组织机构代码								

类别	序号	中文名称	中文短名	英文名称	英文短名	元数据项类型	定义	使用指南	标准引用	表示类别	数据类型	表示格式	最小长度	最大长度	允许值	计量单位
固定污染源—工业源—基础信息	3	工业企业行政区划代码	gyqyxzqhdm	Industrial Enterprise-Regionalism Code	ind_ent_region_code	数据元	国家对行政管理分级划分区域的编码	按照国家统计局官网发布的最新统计区划代码进行填写应用	《中华人民共和国行政区划代码》（GB/T 2260—2007）《统计用区划代码和城乡划分代码编制规则》	代码	字符型	n9	9	9	由0～9组成的9位代码。其中，1～6位为县以上行政区划代码，直接采用GB/T 2260国家标准，7～9位符合《统计用区划代码和城乡划分代码编制规则》要求	—
	4	工业企业行政区划名称	gyqyxzqhmc	Industrial Enterprise-Name of Administrative Division	ind_ent_region_name	数据元	国家对行政管理分级划分区域的名称	填写深圳市下辖的9个行政区及深圳市的副地级市_深汕特别合作区其中之一	《中华人民共和国行政区划代码》	文本	字符型	a.14	6	14	福田区、罗湖区、南山区、盐田区、宝安区、龙岗区、龙华区、坪山区、光明区、大鹏新区、深汕特别合作区其中之一	—

类别	序号	中文名称	中文短名	英文名称	英文短名	元数据项类型	定义	使用指南	标准引用	表示类别	数据类型	表示格式	最小长度	最大长度	允许值	计量单位
固定污染源—工业源—基础信息	5	工业企业行业类别代码	gyqyxylbdm	Industrial Enterprise-Industry Category Code	ind_ent_ind_cat_code	数据元	工业企业所从事社会经济活动性质的分类代码	根据《“十三五”环境统计报表制度（2017 年度）》，企业的行业类别是按正常生产情况下生产主要产品的性质（一般按在工业总产值中占比较大的产品及重要产品）把整个企业划入某一工业行业小类内。若企业生产、经济活动涵盖多个行业小类，可填写中类代码，后 1 位代码补“0”。具体参考《国民经济行业分类》（GB/T 4754—2017），行业编码方法：采用线分类法和分层次编码方法，将国民经济行业划分为门类、大类、中类和小类四级。代码由 1 位拉丁字母和 4 位阿拉伯数字组成。门类代码用 1 位拉丁字母表示，即用字母 A、B、C……依次代表不同门类；大类代码用两位阿拉伯数字表示，打破门类界限，从 01 开始按顺序编码；中类代码用三位阿拉伯数字表示，前两位为大类代码，第三位为中类顺序代码；小类代码用四位阿拉伯数字表示，前三位为中类代码，第四位为小类顺序代码	《国民经济行业分类》	代码	字符型	an5（annnn）	5	5	1 位拉丁字母和 4 位阿拉伯数字	—

类别	序号	中文名称	中文短名	英文名称	英文短名	元数据项类型	定义	使用指南	标准引用	表示类别	数据类型	表示格式	最小长度	最大长度	允许值	计量单位
固定污染源—工业源—基础信息	6	工业企业行业类别名称	gyqyxylbmc	Industrial Enterprise - Industry Category Name	ind_ent_ind_cat_name	数据元	根据其从事的社会经济活动性质对各类单位进行分类的名称	一个企业属于哪一个工业行业，是指按正常生产情况下生产的主要产品的性质（一般按在工业总产值中占比重较大的产品或重要产品）把整个企业划入某一工业行业小类内。对照《国民经济行业分类》填写行业小类名称	《国民经济行业分类》	文本	字符型	a.34	6	34	符合《国民经济行业分类》中表1_国民经济行业分类和代码表中的类别名称	—
	7	工业企业法定代表人	gyqyfddbr	Industrial Enterprise-legal Representative	ind_ent_legal_repr	数据元	依照法律或者法人章程的规定，代表法人从事民事活动的负责人，为法人的法定代表人	法定代表人姓名是根据章程或有关文件代表本单位形式职权的签字人，企业法定代表人按《企业法人营业执照》填写	—	文本	字符型	a.50	4	50	《信息交换用汉字编码字符集·基本集》共收录的6 763个汉字，以及字母、数字等	—

类别	序号	中文名称	中文短名	英文名称	英文短名	元数据项类型	定义	使用指南	标准引用	表示类别	数据类型	表示格式	最小长度	最大长度	允许值	计量单位
固定污染源—工业源—基础信息	8	工业企业法定代表人身份信息	gyqyfddbrsfxx	Industrial Enterprise - Identity Information of The legal Representative	ind_ent_legal_repr_info	数据元	依法律或法人章程规定代表法人行使职权负责人的身份信息标识，包括中华人民共和国大陆常驻人口应使用身份证号，港澳居民应使用港澳居民来往内陆通行证号，台湾居民应使用台胞证号	与相关身份信息保持一致。 身份证共 18 位，公民身份号码是特征组合码，由 17 位数字本体码和 1 位校验码组成。排列顺序从左至右依次为 6 位数字地址码、8 位数字出生日期码、3 位数字顺序码和 1 位数字校验码。 港澳居民来往内地通行证共 11 位。第 1 位为字母，“H”字头签发给香港居民，“M”字头签发给澳门居民，第 2 位至第 11 位为数字，前 8 位数字为通行证持有人的终身号，后 2 位数字表示换证次数，首次发证为 00，此后依次递增。 台湾居民来往大陆通行证共 8 位，由台胞终身号、签发次数、签发机关代码 3 个部分组成，证件号码前 8 位阿拉伯数字为台胞终身号，后 2 位为签发证件的次数，括号内的英文字母或者阿拉伯数字为签发机关代码	《公民身份号码》（GB 11643—1999）、港澳居民来往内地通行证、台湾居民来往大陆通行证	文本	字符型	身份证：n17x；港澳居民来往内地通行证：an11；台湾居民来往大陆通行证：n8	8	18	参照《公民身份号码》和港澳居民来往内地通行证、台湾居民来往大陆通行证等相关要求填写	—

类别	序号	中文名称	中文短名	英文名称	英文短名	元数据项类型	定义	使用指南	标准引用	表示类别	数据类型	表示格式	最小长度	最大长度	允许值	计量单位
固定污染源—工业源—基础信息	9	工业企业注册地址	gyqyzcdz	Industrial Enterprise-Company Registered Address	ind_ent_regist_addr	数据元	工业企业在工商行政管理机关登记注册的“住所”地址	注册地址应与工业企业营业执照的“住所”保持一致	《排放源统计调查制度》《固定污染源基本数据集 第 1 部分：基础信息》	文本	字符型	a.255	4	255	《信息交换用汉字编码字符集·基本集》共收录的 6 763 个汉字，以及字母、数字等	—
	10	工业企业生产经营场所地址	gyqyscjycsdz	Industrial Enterprise-Address of Production and Business Premises	ind_ent_prod_addr	数据元	工业企业开展生产经营活动的地址	已纳入排污许可管理的污染源采用排污许可证或登记许可备案中的生产经营场所地址，未纳入排污许可证管理的污染源采用实际生产经营场所地址，原则上应包括省、市、区及具体街和门牌号码（深汕特别合作区应包括省、市、区、镇、村和门牌号码）	《固定污染源基本数据集 第 1 部分：基础信息》	文本	字符型	a.255	4	255	—	—

6.3 深圳市创新之处

一是综合借鉴与标准化：奠定数据交流的基础。深圳市生态环境数据字典的编制首先立足于对《环境与健康数据字典（第一版）》的深入借鉴，以此为基准进行了全面而细致的拓展和深化，构建了全面而详尽的数据元属性体系。这种做法确保了数据表达的标准化与一致性，使数据在不同的应用场景下能够实现无障碍交流。通过综合参照同行业内其他优秀标准，数据字典不仅保持了高度的专业性，也显著提升了其通用性和兼容性，为跨区域、跨行业的数据共享与互操作奠定了坚实基础。

二是业务导向的编制原则：强化实用性与针对性。深圳市生态环境数据字典在编制过程中始终坚持业务导向的原则，紧密围绕生态环境监管的实际需求展开。通过深入调研和分析，优先整合了已有的成熟标准、统计指标及现行业务中频繁使用的数据元。这种业务导向的编制原则使数据字典更加贴近实际工作，增强了其实用性和针对性。同时，数据字典也成为生态环境监管工作的重要工具，为业务决策提供了直接的数据支撑和优化建议，进一步提升了工作效率和决策质量。

三是编制步骤的系统性：科学规范的编制流程。整个数据字典的编制工作遵循了一套高度系统化和指导性的流程。从最初的文献调研，即查阅国内外相似标准开始，到精心规划数据字典的章节布局，再到内容的翔实编写，每一步骤都经过周密设计，明确了具体的目标和方法。这样的编排确保了整个项目实施的科学性与规范性，避免了盲目性和随意性，使数据字典的最终形态既严谨又实用，能够充分满足生态环境监管工作的复杂需求。

总之，深圳市生态环境数据字典的编制工作在标准化、实用导向、兼容性及编制流程的系统性方面均展现出创新性与细致的考量，为生态环境数据管理树立了新的典范，不仅提升了数据资源的管理效率，也为环境保护决策提供了坚实的支撑。

参考文献

[1] 生态环境部. 环境与健康数据字典（第一版）[EB/OL]. （2018-06-07）[2024-10-29]. https：//www. mee. gov. cn/xxgk2018/xxgk/xxgk01/201806/W020180926382633920683. pdf.

[2] 生态环境部. 排放源统计调查制度[EB/OL]. （2021-03）[2024-10-29]. https：//sthjt. yn. gov. cn/zhgl/zghjtj/202210/P020221021579036712346. pdf

[3] 生态环境部. 固定污染源基本数据集　第 1 部分：基础信息：HJ 1346. 1—2024[S]. 北京：生态环境部环境标准研究所，2024.

[4] 山东省生态环境厅. 生态环境数据元技术规范　第 1 部分：排污单位监督性监测：DB37/T 4414.1—2021[S]. 2021.

[5] 山东省生态环境厅. 生态环境数据元技术规范 第 2 部分：排污单位自动监控：DB37/T 4414. 2—2021[S]. 2021.

[6] 环境保护部. 环境信息元数据规范：HJ 720—2017[S]. 北京：中国环境出版集团，2017.

[7] 国家电子政务标准化总体组. 电子政务数据元　第 1 部分：设计和管理规范：GB/T 19488. 1—2004[S]. 北京：中国标准出版社，2004.

第 7 章

构建数据模型

7.1 数据模型构建方法

7.1.1 定义及分类

根据 DAMA-DMBOK2，数据模型是一组反映数据需求与设计的数据规范和相关图示。祝守宇等认为，数据模型是一种工具，用来描述数据、数据的语义、数据之间的关系，以及数据的约束等。王兆军等认为，数据模型定义了数据结构和内容，它们能明确数据内容，是数据存储和访问的工具，包括实体（理解为表）、属性（理解为包含所表示的实体的特征的列）、实体之间的关系和完整性规则，以及所有这些部件的定义。

通常来讲，数据模型主要包含 3 个要素：数据结构、数据操作和数据完整性约束。数据结构是所研究对象类型的集合，用来描述系统的静态特性，其研究对象是数据库的组成部分。数据库对象类型的集合分为两类：第一类是与数据类型、内容、性质有关的对象，如关系模型中的域、属性、关系等；第二类是与数据之间的联系有关的对象，如关系模型中的码、外码等。数据操作是指对数据库中各种对象（型）的实例（值）允许执行的操作的集合，包括操作及有关的操作规则，用来描述系统的动态特征。数据模型必须定义这些操作的确切含义、操作符号、操作规则（如优先级）及实现操作的语言。数据完整性约束是一组完整性规则的集合。完整性规则是给定的数据模型中数据及其联系所具有的制约和存储规则，用于限制符合数据模型的数据库状态及状态的变化，防止不符合规范的数据进入数据库，以确保数据的正确、有效和相容。

从模型覆盖的内容粒度来看，数据模型一般分为主题域模型、概念模型、逻辑模型和物理模型。其中，主题域模型是最高层级的以主题概念及其之间的关系为基本构成单元的模型，主题是对数据表达事物本质概念的高度抽象；概念模型是以数据实体及其之间的关系为基本构成单元的模型，实体名称一般采用标准的业务术语命名；逻辑模型是在概念模型基础上的细化，以数据属性为基本构成单元；物理模型是逻辑模型在计算机信息系统中依托于特定实现工具的数据结构。从模型的应用范畴来看，数据模型分为组织级数据模型和系统应用级数据模型。其中，组织级数据模型包括主题域模型、概念模型和逻辑模型三类，系统应用级数据模型包括逻辑模型和物理数据模型两类。概念模型、逻辑模型、物理模型的简要介绍如下：

概念模型侧重业务逻辑，重点描述体现业务概念的对象实体和关系，确保概念详细，便于理解和分析。概念模型包括 3 个基本元素：①实体，即现实世界中的事物；②属性，即实体的特征或属性；③关系，即两个实体之间的依赖或关联关系。

逻辑模型根据业务规则确定，是关于业务对象、业务对象数据项及业务对象之间关系的基本蓝图，其目标是尽可能详细地描述数据，但并不考虑数据在物理上如何实现，其内容包括所有的实体和关系，确定每个实体的属性，定义每个实体的主键，指定实体的外键，并进行范式化处理。逻辑数据建模不仅会影响数据库设计的方向，还会间接影响最终数据库的性能和管理，倘若在实现逻辑数据模型时投入得足够多，那么在物理数据模型设计时就可以有诸多方法可供选择。

物理模型是在逻辑模型的基础上，考虑各种具体的技术实现因素，生成可视化的数据库结构，其目标是指定如何用数据库模式来实现逻辑模型，以及真正地保存数据。常用的设计范式在数据模型层面处理表之间主、外键关系，主要将逻辑模型的各个业务对象之间的关系通过 ER 模型（实体-关系模型）展示。

7.1.2 构建方法

数据建模实际上就是理解业务、对数据进行梳理和分析的过程。数据建模的方法有很多，包括维度建模法、ER 建模法、Data Vault 模型法、Anchor 模型法等。

1. 维度建模法

维度建模法（dimensional modeling）是数据仓库和商业智能领域常用的一种数据建

模技术，由数据仓库的首创者 Ralph Kimball 推广并发展，旨在支持高效的业务分析和决策支持，可以将复杂的数据组织成容易理解和查询的结构。胡俊鹏等认为，维度建模法是在数据仓库建设中将数据进行结构化设计的一种建模方法，其构建的一个重要输入是数据分析需求，即以分析需求为输入，以问题为导向，构建出满足分析需求的模型，目的是便于用户快速完成数据分析。维度建模具有一定顺序，分别是定义业务处理过程、定义事实粒度、选取事实表维度、确定事实。

廖飒等认为，维度模型一般有 2 种不同性质的表：事实表和维度表。其中，事实表是维度模型的基本表，其中存放的是大量业务性能的度量值；维度表的行数往往比事实表少得多，但包含对多维空间中维的详尽描述，而且这种描述往往是分层的。事实表的设计原则包括倾向于更少的列和更多的行；尽量选择格式短的数据类型，以降低列的大小；主键通常由外关键字组合而成；列的值应尽可能是数字可加的。维度表的设计原则是倾向于更多的列和更少的行；设计一个占空间尽可能小的主键，以参照到事实表；不建议进行规范化，甚至鼓励一定程度的冗余；其中的属性应尽可能是文本的或离散的。

纬度建模的常见模式包括星型模式、雪花模式和事实星座模式等。其中，星型模式是最简单的维度建模形式，一个中心的事实表直接关联多个维度表；雪花模式在星型模式的基础上，维度表进一步规范化，形成层次结构，增加了表的数量但减少了数据冗余；事实星座模式是多个事实表共享同一套维度表，适用于分析不同业务过程或不同粒度级别的数据。

维度建模的步骤如下：①确定业务需求，明确分析目标和关键性能指标（KPIs）；②识别事实和维度，根据业务过程确定哪些数据应该存储在事实表中、哪些应该作为维度；③设计事实表，确定事实表的粒度，选择度量值，并确定与维度表的关联；④设计维度表，确定维度的层次结构和属性，设计维度表以支持灵活的查询；⑤处理缓慢变化维，设计机制来处理维度数据随时间的变化；⑥创建数据模型，使用 ER 图或其他建模工具创建数据模型的可视化表示；⑦设计数据仓库的物理架构，考虑数据库的物理存储、索引、分区等；⑧实施数据加载和 ETL 过程，设计和实施数据提取、转换和加载（ETL）过程，以填充数据仓库；⑨优化查询性能，通过索引、物化视图、缓存等技术优化查询性能；⑩开发报告和分析工具，使用户能够轻松访问和分析数据；⑪维护和迭代，定期更新数据模型以反映业务变化，并优化模型以提高性能。

2. ER 建模法

ER 建模法即实体-关系建模的简称，由 Peter Chen 于 1976 年首先提出，是一种概念数据建模技术，用于设计和描绘信息系统的逻辑结构，由实体、关系和属性 3 个基本概念组成，主要用于描述现实世界中的实体、实体之间的关系及实体的属性。实体是数据的对象或组成部分，在 ER 图中用矩形表示；实体中有一类叫作弱实体，它是不能通过自身属性唯一标识且依赖于与其他实体之间关系的实体，用双矩形表示。属性是描述实体的属性，在 ER 图中用椭圆表示，有 4 种类型：键属性、复合属性、多值属性和派生属性。其中，键属性是可以从实体集中唯一标识一个实体的属性，由多个属性组合而成的属性称为复合属性，可以包含多个值的属性称为多值属性，派生属性是值为动态的从另一个属性派生出来的属性。在 ER 图中用菱形表示实体间的关系，有 4 种类型：一对一（1∶1）、一对多（1∶N）、多对一（N∶1）和多对多（N∶M）。其中，如果一个实体的单个实例与另一个实体的单个实例相关联，则它们之间是一对一关系；如果一个实体的单个实例与另一个实体的一个以上实例相关联，则它们之间是一对多关系；如果一个实体的一个以上实例与另一个实体的单个实例相关联，则它们之间是多对一关系；如果一个实体的一个以上实例与另一个实体的一个以上实例相关联，则它们之间是多对多关系。

ER 建模是一种自下而上的建模法，主要包括以下步骤：①需求收集，与利益相关者沟通，收集系统需求、业务需求、系统功能、业务规则等；②识别实体类型，实体类型简称实体，类似于面向对象的类的概念，它表示相似对象的集合，需要确定业务领域中的所有主要实体；③确定属性，为每个实体确定其属性和属性的数据类型；④建立关系，确定实体之间的关系及其类型（1∶1、1∶N、N∶1、N∶M），确保每一个关系（PK/FK 参照完整性）是完整的、有效的；⑤定义键，从实体的属性中选出一个或多个能够唯一标识每个实体实例的属性作为主键，以确保数据的唯一性；⑥确定基数和角色，确定关系中实体的基数，并定义实体在关系中的角色和约束；⑦细化模型，进一步细化实体、关系和属性，包括处理多对多关系（通常通过引入一个连接表或关联实体来解决）、考虑实体的生命周期、处理潜在的异常情况、确定实体和关系的基数等；⑧转换为关系模型，基于 ER 模型创建关系模型，即将实体转换为表、属性转换为列，一对一和一对多关系直接体现在表的外键上，而多对多关系则通过引入关联表来实现；⑨验证和完善模型，通过讨论、审查和实际应用测试来验证模型的准确性和完整性，必要时进行调整。

3. Data Vault 模型

Data Vault 是 Dan Linstedt 发明的一种数据模型，它强调数据的历史性、可追溯性、原子性，不需要对数据进行过度一致性处理和整合。同时，它基于主题概念将数据进行结构化组织，并引入了更进一步的范式处理来优化模型，以应对源系统变更的扩展性。Data Vault 主要由 Hub、Link、Satellite 3 个部分组成，相较于维度建模和 ER 建模，其优越性明显：①可扩展性高，实体分为实体的 key 值、实体的属性值、实体的关系 3 种存在形式，三者分开存储，降低了耦合度，提高了灵活性与可扩展性；②符合大数据特征，Data Vault 是基于客观事实进行的数据增量抽取，不做逻辑校验，因此可以大规模抽取和处理数据；③建模简单，模型中只有 Hub、Link、Satellite 表，只要区分这些表，剩下的重点就只有设计和调度 ETL，这在很大程度上简化了建模过程；④开发敏捷，使用 Data Vault 建模，2～3 周即可完成一次迭代，发布周期短，可以更便捷地应对业务需求。

Hub 表示业务核心实体，由实体主键、仓库代理键、装载时间、数据来源等构成。Hub 的代理键会向外延伸到与其相关的 Satellite 和 Link 中。Link 标识 Hub 之间的关系，它是提升模型扩展性的关键，不需要任何变更就可以直接表示 1∶1、1∶N、N∶M 的关系。Satellite 描述 Hub 或者 Link 的相关属性和上下文内容。代理键 SK 由 Hub 中延伸到 Satellite 的业务主键和记录变化时间 LOG_CHG_TIME 共同计算得出，由此可以记录历史信息。

4. Anchor 模型

在数据仓库建模领域，Anchor 模型是一种高度可扩展的模型，它对 Data Vault 模型进行了进一步规范化处理，其核心思想是所有扩展只是添加而不是修改，因此将模型规范到 6NF，基本变成了 k-v 结构化模型。Anchor 模型由以下几个基本对象组成：①Anchors，类似于 Data Vault 模型的 Hub，代表业务实体，只有主键；②Attributes，类似于 Data Vault 模型的 Satellite，但更加规范化，全部采用 k-v 结构化，一个表只描述一个 Anchors 的属性；③Ties，描述 Anchors 之间的关系，类似于 Data Vault 的 Link，可以提升模型关系的扩展能力；④Knots，代表可能会在多个 Anchors 中公用的属性的提炼，如性别、状态等枚举类型且被公用的属性。

7.2 深圳市生态环境数据模型标准

数据模型标准化是对每个数据元素的业务描述、数据结构、业务规则、质量规则、管理规则、采集规则进行清晰的定义，让数据可理解、可访问、可获取、可使用。

7.2.1 数据模型设计规范化

数据模型设计规范是指在构建数据模型（如关系数据库模型、数据仓库模型、对象模型等）过程中应遵循的一系列标准、原则和最佳实践，以确保模型能准确反映业务需求、高效存储和处理数据、易于维护和扩展。

1. 需求分析与业务理解

深入业务理解：充分了解业务流程、业务规则、业务术语和关键指标，确保模型能准确反映业务现实；同时，进行需求调研，与业务人员、系统用户、领域专家等进行访谈和讨论，收集详尽的业务需求。

数据需求梳理：确定数据来源、数据类型、数据粒度、数据时效性等特性；同时，列举数据实体及其属性，明确各实体间的关系和交互。

2. 概念模型设计

实体识别与定义：根据业务需求识别出独立的数据实体（或对象），并定义其属性（字段）和标识符（主键），使用自然语言或 UML 类图等工具描绘实体。

关系建模：使用 ER 图（实体关系图）来可视化表示实体间的关联关系，共有 4 种类型：一对一、一对多、多对一和多对多。

范式理论应用：应用范式理论，如第一范式至第五范式，常见的是第三范式（3NF）来消除数据冗余，提高数据一致性，确保每个属性都依赖于主键，非主属性之间不存在传递依赖。

3. 逻辑模型设计

数据表设计：将概念模型转换为逻辑数据模型，设计具体的数据库表结构，包括表名、字段名、数据类型、约束条件等，考虑数据完整性约束，如实体完整性（主键约束）、参照完整性（外键约束）和用户定义完整性（业务规则约束）。

索引设计：根据查询需求和数据分布情况，设计合适的索引来加速数据访问，如唯一索引、复合索引、全文索引等。

4. 物理模型设计

存储优化：根据数据量、数据增长预期、性能需求等因素选择合适的存储引擎、表分区策略、数据压缩技术等。考虑数据分布、I/O 优化、缓存策略等物理层面的设计。

硬件资源考虑：评估硬件资源（如 CPU、内存、磁盘空间、网络带宽）对模型设计的影响，确保模型能够在目标硬件环境下高效运行。

5. 数据仓库模型设计（适用时）

星型模型/雪花模型：在数据仓库环境中，设计星型模型或雪花模型，包含事实表和维度表，用于支持快速的分析查询。

层次划分：根据层次化数据仓库架构，设计详细的明细层（DWD）、中间层（DWM）和汇总层（DWS），满足不同粒度的数据消费需求。

6. 文档与评审

模型文档：编写详细的数据模型文档，包括模型设计目的、实体定义、关系描述、约束条件、索引策略、存储细节等，更新和维护文档以反映模型的变更。

模型评审：组织跨部门的模型评审会议，邀请业务方、技术方、数据消费者参与，对模型设计的合理性、完整性、可扩展性进行审查，对评审意见进行记录、跟踪和落实改进。

7. 持续维护与迭代

适应业务变化：随着业务发展和需求变更，定期评估和调整模型，确保其始终与业务保持一致。

性能监控与调优：实施数据模型的性能监控，根据监控结果进行必要的索引调整、SQL 优化、数据迁移等操作。

7.2.2 数据模型标准性

数据模型标准性是指在设计和实施数据模型的过程中遵循一系列公认的行业标准、组织规范、最佳实践和技术指南，以确保模型的兼容性、互操作性、可维护性和长期价值。

1. 数据建模标准与框架

数据建模方法论：遵循业界认可的数据建模方法，如ER建模、统一建模语言（UML）、对象-关系建模（ORM）、维度建模（用于数据仓库）等，确保模型设计的结构化和一致性。

数据模型规范：参考国际或行业标准，如ISO/IEC 11179（元数据注册与数据管理）、ANSI/SPARC 3-Tier Architecture（三层数据模型架构）、DMBOK（数据管理知识体系）等，以指导模型设计的各个环节。

2. 数据模型元素命名与标识

命名约定：采用统一且清晰的命名规范，包括实体名、属性名、关系名、表名、列名等，确保命名的语义明确、无二义性、易读易记，避免使用数据库特定的关键字。

（1）实体名（表名）的命名规范

业务相关性：实体名应直接反映其所代表的业务概念或对象，使用业务领域中通用且明确的名词，如customer、order、product等。

单数形式：使用单数名词，即使实体代表的是一个集合，如employee而不是employees，这样可以保持命名的一致性。

避免缩写：除非缩写在业务领域内广为人知且无歧义（如ID、URL），否则尽量使用全称以减少理解成本。

下划线命名法：采用小写字母和下划线命名法（所有字母都是小写，且单词之间用下划线分割），如user_profile、sales_transaction。

（2）属性名（列名）

描述性：属性名应清晰描述其承载的数据含义，如first_name、order_date、product_category。

下划线命名法：采用小写字母和下划线命名法（所有字母都是小写，且单词之间用下划线分割），如 order_number、customer_email。

避免数据库关键字：不要使用与数据库系统保留关键字相同的名称，必要时可通过反引号包围或添加前缀后缀等方式避免冲突。

避免使用空格、特殊字符：属性名中不应包含空格或除下划线（_）之外的特殊字符。

（3）关系名（外键名或关联表名）

清晰表达关联：关系名应清晰表达两个实体之间的关联性质，如 customer_orders（表明客户与订单之间的关联）。

复数形式：当关系表现为一个关联表（如多对多关系的中间表）时，表名通常采用两个实体名的组合，且第二个实体名使用复数形式，如 customer_orders。

连接词：使用连接词（如 _of_、_by_、_with_ 等）来表示关系的方向和性质，如 manager_of_department、product_reviews_by_user。

（4）外键列名（关系属性在实体表中的体现）

参照实体名：外键列名通常基于被参照实体的名称，如 customer_id、order_status_id，表明该列值对应于另一张表的主键。

ID 后缀：对于参照主键的情况，常在被参照实体名后加上“_id”作为后缀，以明确其作为标识符的角色。

（5）其他命名规范

长度限制：考虑数据库系统对表名和列名的长度限制，保持名称简洁且在限制范围内。

一致性：在整个模型中保持命名风格和规则的一致性，无论是实体名、属性名还是关系名。

元数据文档：为重要的命名元素编写注释或在数据字典中记录其详细含义、数据类型、约束条件等信息，以辅助理解。

标识符规则：遵循标准的标识符格式，如大小写规则、字符集限制、长度规定、前缀后缀约定等，确保标识符在整个系统中的一致性和可识别性。

数据元标准化：遵照数据元注册与管理的标准，如 GB/T 18391.6—2001、ISO/IEC 11179，确保数据元的命名、定义、格式、值域等属性符合标准化要求。

3. 数据类型与格式标准

数据类型选用：使用数据库系统支持的标准数据类型，如整数、浮点数、日期时间、字符串、二进制等，并根据业务需求选择最合适的精度、长度、时区等属性。

格式规范：对于特定类型的数据（如日期、货币、电话号码、邮政编码等），遵循相应的行业或国家标准，以确保数据格式的统一和合规。

4. 数据完整性约束标准

参照完整性：按照 SQL 标准定义外键约束，确保参照关系的正确性和数据的一致性。

业务规则约束：将业务规则转化为数据库约束（如 CHECK 约束、触发器、存储过程），确保数据模型能够自动执行和强制执行业务规则。

5. 数据交换与接口标准

数据交换格式：支持标准化的数据交换格式，如 CSV、XML、JSON、XSD、XSLT、EDIFACT、HL7 等，以便与其他系统进行数据交互。

API 规范：如果模型涉及对外提供数据服务，应遵循 RESTful API 设计原则、OpenAPI 规范或其他行业标准接口规范，以确保接口的易用性和互操作性。

6. 数据安全与隐私保护标准

敏感数据处理：遵守与数据安全相关的法律法规（如 GDPR、HIPAA）和组织内部政策，对敏感数据进行适当的加密、脱敏、匿名化处理，并在模型中体现相关控制措施。

权限模型：设计符合 RBAC（Role-Based Access Control）或其他标准访问控制模型的权限体系，以确保数据访问权限的合理分配和管理。

7. 数据生命周期管理标准

元数据管理：遵循元数据管理标准，记录和维护模型相关的元数据，如数据源信息、数据血缘、数据质量指标、数据更新策略等。

数据版本控制：实施数据模型版本控制策略，记录模型变更历史，支持模型回滚和版本对比，遵循软件工程中的版本控制标准，如 Git 等。

7.2.3　数据模型一致性

数据模型一致性是指在设计和使用数据模型的过程中，确保模型所描述的数据结构、关系、约束、业务规则等关键要素在逻辑上、语义上及物理实现上的一致性。数据模型一致性是保证数据质量和业务流程顺利进行的重要基础，体现在以下几个方面：

1. 逻辑一致性

实体关系一致性：确保实体（或表）之间的关联关系（如一对一、一对多、多对多）在逻辑上准确无误，没有遗漏或错误的关联，关系的基数（如 1∶1、1∶N、M∶N）和导航方向应与实际业务规则相符。

属性一致性：每个实体的属性（或列）应与其业务含义一致，属性命名、数据类型、长度、精度等属性设置应恰当反映数据性质。属性间不应存在冗余或冲突，遵循范式理论以消除数据冗余和异常。

数据完整性约束/一致性：包括实体完整性、参照完整性和用户定义完整性。其中，实体完整性是指所有实体都应有唯一的标识符（主键），且主键值不允许为空或重复；参照完整性是指外键约束应正确反映实体间的关联关系，不允许引用不存在的主键值；用户定义完整性是指业务规则应被准确地转化为数据库约束、触发器或存储过程，以确保数据在逻辑上的合规性。

2. 语义一致性

业务概念映射：数据模型应准确映射业务概念，实体、属性、关系的命名应与业务术语保持一致，避免使用仅对技术团队有意义的术语。此外，数据模型应反映业务逻辑，如状态机、业务流程、计算规则等，以确保模型与业务规则的一致性。

数据标准遵循：如果组织或行业有特定的数据标准或词汇表，模型应遵循这些标准，使用标准定义的数据元素、代码列表、数据格式等。

元数据管理：提供详细的元数据描述，包括数据项的定义、业务含义、数据来源、数据质量要求、数据更新规则等，以确保各方对数据的理解一致。

3. 物理一致性

物理模型映射：逻辑模型在物理实现时应尽可能保持其原始设计意图，避免因物理优化导致逻辑结构的扭曲。物理表设计、索引创建、分区策略等应与逻辑模型相吻合，不影响逻辑查询和对业务逻辑的理解。

性能与可用性：物理模型设计应考虑性能优化，如适当的数据分布、索引策略、缓存使用等，但不应牺牲逻辑一致性。数据备份与恢复策略、高可用性配置应确保在故障或维护期间数据模型的可用性及数据的一致性。

4. 模型变更一致性

变更管理：对数据模型的任何变更应遵循严格的变更管理流程，包括需求分析、设计审查、影响评估、测试验证、文档更新等步骤。变更过程应确保新老模型在过渡期内的一致性，避免数据丢失或不一致。

版本控制与回溯：实施数据模型版本控制，记录每次变更的历史，支持模型版本的对比和回滚，确保模型历史状态的一致性。

数据迁移与同步：在模型变更或系统升级时，应有可靠的数据迁移计划和数据同步机制，确保数据在新旧模型间的一致性。

5. 业务流程一致性

业务流程集成：数据模型应与业务流程紧密集成，确保数据的生成、更新、删除等操作与业务流程同步，避免业务流程与数据状态的脱节。

数据应用一致性：模型设计应考虑用数方的使用场景和需求，确保数据模型提供的数据能满足各种应用场景下的一致性要求。

7.2.4 数据模型可读性

数据模型的可读性是指模型的设计和表述方式使其易于被各类利益相关者理解、分析和交流。一个具有高度可读性的数据模型不仅有助于模型创建者、维护者之间的有效沟通，而且能使非技术背景的业务人员、数据分析师、项目管理人员等快速理解数据结构及其业务含义。以下是提升数据模型可读性的几个关键方面：

1. 清晰的命名约定

实体与属性命名：使用简洁、明确且与业务领域相关的名称来标识实体（表）和属性（字段），避免使用过于抽象、技术化或缩写的术语。遵循驼峰式、下划线分隔或其他一致的命名规则，保持命名风格的统一。

关系命名：若使用 ER 图或其他图形表示法，应为关系添加清晰的标签，说明实体间的关联类型（如“belongsTo”“hasMany”等）和具体业务含义。如果实体间的关系复杂，可以为关系本身赋予一个描述性的名称。

2. 规范的模型表示

图形化表示：使用 ER 图（实体关系图）、UML 类图或其他可视化工具来展示数据模型，直观呈现实体、属性、关系及约束条件。图形布局合理，避免交叉线、过度拥挤，突出显示关键实体和关系。

文本描述：为每个实体和重要属性编写详细的注释，解释其业务含义、数据类型、取值范围、是否允许空值等信息。对于复杂的业务规则、计算逻辑或数据流转过程，提供文本说明或附加文档。

3. 分层与模块化

逻辑分层：将数据模型划分为概念层、逻辑层和物理层，分别关注业务概念、数据结构设计和物理存储细节。每一层应保持清晰的边界，以便于理解。对于大型系统，还需要进一步划分子域模型或主题域模型，按业务领域或数据主题组织模型元素。

模块化设计：对于大型、复杂的数据模型，采用模块化方法将其分解为多个相对独立且易于管理的部分，如核心实体、扩展实体、引用数据等。

4. 标准化与遵从规范

遵循行业标准：参照并遵循行业或组织内部已有的数据模型设计规范，如数据字典模板、命名约定、建模标准等。对于特定领域的数据模型，遵守相关的数据标准或数据交换格式，如 HL7（医疗健康）、FIBO（金融）、GS1（供应链）等。

合理使用建模工具：利用建模工具提供的样式、模板、自动布局等功能，提高模型的视觉效果和规范性。适时使用颜色、图标、字体等视觉元素来区分不同类型或重要程度的模型元素。

5. 适当的抽象与细化

适度抽象：对于复杂的业务概念，通过抽象出高层级的实体或关系，简化模型的整体视图，以便于快速理解整体架构。提供概览图和详细图，概览图侧重整体结构，详细图聚焦于特定实体或关系的细节。

适时细化：对于关键实体或复杂关系，提供详细的属性列表、约束条件、业务规则说明等，以确保关键细节不会被忽视；对于涉及大量数据转换、计算逻辑或业务规则的实体，可以进一步细化为子模型或数据流图。

6. 易于更新与版本控制

版本标注与变更记录：数据模型应有明确的版本号，并在模型中或附带文档中记录主要变更点、变更原因和变更日期。对于重大变更，提供变更前后的模型对比，以帮助读者理解模型演进过程。

文档化与知识传递：除了模型本身，还应编写配套的建模报告、数据字典、用户手册等文档，详细介绍模型的设计思路、业务背景、使用指南等。定期组织模型评审会或培训，促进模型知识在团队内的传播和理解。

生态环境主管部门将数据模型标准和数据模型构建方法应用至新建业务系统的模型设计上，遵守其原则和步骤，确保数据模型的规范性和一致性，提升了数据管理和分析的效率，为环境监管、决策支持提供了坚实的数据基础。

参考文献

[1] 祝守宇，蔡春久，等. 数据治理：工业企业数字化转型之道[M]. 北京：电子工业出版社，2020.

[2] 王兆君，王钺，曹朝晖. 主数据驱动的数据治理：原理、技术与实践[M]. 北京：清华大学出版社，2019.

[3] 用友平台与数据智能团队. 一本书讲透数据治理：战略、方法、工具与实践[M]. 北京：机械工业出版社，2021.

[4] 胡俊鹏，肖晓东，朱伟义，等. 数据仓库维度建模方法研究[A]；全国智能用电工程建设经验交流会论文集，2020：6.

[5] 廖飒，黄光明. 数据仓库维度建模设计原则及应用[J]. 宜春学院学报，2007（4）：89-91.

[6] 韦扬，陈成伟. 基于 Data Vault 的交通行业数据仓库设计[J]. 西部交通科技，2021（4）：189-192.

[7] 刘洪磊，李卫玲，王锡民，等. 一种基于 ER 模型的数据仓库多维建模方法[J]. 广西科学院学报，2010，26（4）：446-454.

第 8 章

贯彻数据标准

8.1 数据标准贯标体系

本书的数据标准贯标是指将已发布的数据标准在生态环境主管部门内部进行全面推广和实施，并通过各种技术手段应用于信息化系统的过程。数据标准贯标体系包括数据标准宣贯、数据标准落地、数据标准贯标工具等内容。其中，数据标准宣贯是指将与生态环境数据标准相关的政策、标准文本、管理办法等传达给组织内部的所有成员，让管理人员、技术人员和业务人员对数据标准达成共识，以便更好地应用到实践中去；数据标准落地是指从业务的源头抓起，并要求信息化系统严格按照发布的数据标准执行；数据标准贯标工具是指利用自动化工具辅助数据标准的执行工作。

8.1.1 数据标准宣贯

要发挥数据标准的各项作用，需要在标准实施前认真宣贯，让组织内部全部人员对数据标准达成共识，以便更好地发挥数据标准的作用，从而为生态环境业务和管理赋能。宣贯方法有领导宣讲、文件印发、集中培训、专题培训等。

领导宣讲：一方面，确保各级领导对数据标准的重视，通过领导的示范作用推动数据标准的执行；另一方面，让领导在组织内部会议上宣讲数据标准的重要性，强调其对业务效率、合规性和决策支持的价值。

文件印发：将数据标准文本、数据标准管理办法等文件通过单位内部印发的形式在全单位范围内发布，让管理人员、业务人员、技术人员熟知且遵守，尤其是对于涉及数据录入、维护、使用等操作的利益干系人，数据标准文件将作为其数据贯彻工作的重要参考资料。

集中培训：制订数据标准集中培训计划，组织不同层次的培训研讨会，落实培训场地、培训方式、培训课件等内容，实施数据标准宣贯培训，培训内容可有所区分，如面向管理层的战略解读、面向 IT 和技术团队的技术实施培训、面向业务用户的实际操作培训，并且可以邀请内外部专家进行讲解，通过互动讨论、案例分析加深理解。

专题培训：针对数据标准的不同专题开展专题培训，如数据标准制定原则、数据格式与编码规则、数据标准应用、数据标准化工具的开发与使用等，让相关工作人员清楚地了解数据标准的各项规则，并通过上机实操强化培训效果，让数据标准真正融入实际工作中，推动数据标准的落地。

8.1.2　数据标准落地

数据标准落地的契机一般由信息系统新建/改造、主数据管理和数据质量提升等来驱动产生。

1. 新建系统的落标

新建系统应严格按照发布的数据标准执行，并对贯标全流程进行管理。第一，在需求分析阶段，将已发布的数据标准融入系统设计之中，并明确系统内各模块如何映射到数据标准的分类、定义和格式要求上，确保数据架构设计的一致性。第二，在设计与开发阶段，为保证开发团队已遵守数据标准，包括字段名称、数据类型、字段长度、值域等属性标准，数据标准管理团队在系统开发源代码审查过程中加入数据标准合规性检查，确保新写的代码和数据库设计都符合标准要求，并使用数据建模工具或自动化工具验证数据模型是否符合数据标准，提前发现问题并予以修正。第三，在测试阶段，数据标准管理团队对数据质量进行测试，包括生态环境数据的规范性、完整性、准确性、一致性、时效性和有效性，确保系统输出的数据完全符合标准；数据安全管理团队进行数据保护和隐私合规性测试，确保系统处理个人数据时遵循 GDPR、CCPA 等法规要求。第四，在上线与运维阶段，建立数据标准贯标监控机制，利用数据治理工具持续监测系统运行时的数据质量，及时发现并纠正偏离标准的行为。

数据模型是一个很好的数据字典，向上承接业务语义，向下实现物理数据，不但包含数据字典，还包含业务的主题、主对象、数据关系及数据标准的映射。因此，模型及其工具的运用不仅是生态环境主管部门数据管理是否成熟的重要标志，也是数据标准落标的重要依托。下面以模型设计中的“落标”为例讲述数据标准的贯彻过程。

模型设计中的“落标”是指将已发布的数据标准在具体的数据模型设计和系统实现中予以实施和遵循的过程。这个过程确保了模型设计与组织的数据管理策略、业务规则及外部的法律法规保持一致，从而提升了数据的质量、一致性和合规性。落标的关键活动如下：

- 建立标准和数据的映射，即将抽象的数据标准映射到模型设计的具体元素上，如中文名称、中文短名、英文短名、数据类型、长度限制、取值范围等，以确保模型设计遵循数据标准的定义。
- 标准落地的属性继承。在数据模型设计中，“标准落地”的属性继承是一种设计原则，它允许子类或派生实体自动继承父类或基类的属性和行为，以确保数据模型的一致性和复用性，同时遵循预定义的数据标准。
- 物理字段的落地衍生。在数据库设计和系统开发中，“物理字段的落地衍生”通常是指将逻辑数据模型中的字段属性转换为数据库的物理存储结构，并确保这些字段在实际应用中能够衍生出额外的业务价值或满足特定的技术需求。对于一个标准落地的物理字段，如果语义本质相同且业务规则没有变化，加上特定限定环境后并不需要创建一个新的标准。例如，“联系方式”在排污单位的表里叫作“排污单位联系方式”，这是一种落地衍生情况，并不需要创建新的标准或新的子类标准。
- 词根库应用。利用像普元信息的专利技术中提到的词根库建立模块，将数据标准通过词根规范进行拆分，形成的数据标准词根库可以在模型设计时作为参照，帮助设计人员快速定位和应用标准化的术语和结构。
- 拖拽式建模。采用图形化的拖拽式建模工具，使业务人员和数据工程师能够在无须编程知识的情况下，依据数据标准快速搭建数据模型，降低实施数据标准的难度和门槛。
- 合规性检查。在模型设计阶段，集成数据标准合规性检查功能，一是检查模型中数据标准的覆盖率，二是针对关联的原属性判断其与标准的符合程度。
- 标准化指导，即提供向导式的工具或文档，指导模型设计者如何按照数据标准来设计模型，包括最佳实践、案例分析和常见问题解决方案。
- 迭代优化。模型设计完成后，通过测试、用户反馈和数据分析对不符合标准的地方进行调整，持续优化模型直至完全符合数据标准要求。

2. 改造系统的落标

改造系统的落标是指在用系统在升级、重构或迁移的情况下贯彻数据标准，确保新系统或改造部分符合既定的数据标准。这个过程需要综合考虑在用系统的局限性、新技术的应用、业务发展的需求及数据标准的更新。其关键步骤如下：

- 标准审查。重新审查已发布的数据标准和业务规则，包括数据定义、数据类型、格式、质量要求和安全规范等，找出在用系统的数据属性与数据标准中的差异，确保改造后的系统能够完全符合已发布的标准。
- 影响评估。评估改造对现有系统的影响，包括数据迁移、系统集成、用户影响、性能影响、安全性影响、合规性影响、业务连续性、技术债务、成效效益分析、风险管理等，确保系统改造项目的顺利进行，最大限度地减少负面影响，并实现预期的业务和技术目标。
- 设计规划。制定改造设计方案，包括数据模型、系统架构、技术选型、集成策略、安全性设计、性能优化、用户界面和体验、可测试性、可维护性和可扩展性、灾难恢复和业务连续性、合规性和数据保护等。
- 数据映射。确定现有数据到新系统的映射关系，开发从旧系统到新系统的字段映射规则，清洗数据以纠正错误、去除重复和不一致的记录，确保数据的一致性和完整性。
- 数据迁移计划。制订详细的数据迁移计划，包括数据清洗、转换和加载过程。
- 技术适配。根据新技术的特点，适配数据标准和业务规则，确保技术实现与标准一致。
- 接口重构。改造或重构系统接口，确保数据交换遵循新的数据标准。

3. 主数据管理过程中的落标

主数据管理（MDM）过程中的落标是指在主数据管理的各个环节中实施和执行数据标准，以确保数据的一致性、准确性和可用性。以下是主数据管理过程中落标的一些关键步骤：

- 识别主数据。主数据识别采用特征分析法，可根据某类污染源数据是否满足跨部门、跨业务、跨系统的共享性、关联性、稳定性这三个特征来加以识别，只要有一项不符合，即可将其排除。其中，共享性，指该类数据是否在多个部门、多个业务、多个系统中用到；有效性，指该类数据是否贯穿业务的整个生命周期甚至更长；唯一性，指该类数据是否在组织范围内具有唯一的识别标志（编码、名称、特征描述等）；稳定性，指该类数据是否相对稳定、很少变化。

- 数据集成。首先，使用 ETL 工具或其他数据集成技术从不同数据源抽取数据；其次，识别和匹配来自不同数据源的相同实体，以发现潜在的重复记录；最后，制定“一数多源”（同一个数据项有不同的数据源头）确源原则，确定当不同数据源之间存在冲突时如何确定高质量的数据源头。

- 数据清洗。一是识别数据中的具体问题，如缺失值、重复记录、格式错误、不准确的数据等；二是根据业务规则和数据标准制定数据清洗的具体规则和流程；三是开展数据清洗，包括处理缺失数据、合并或删除重复数据、检测错误和异常数据、格式化数据等；四是使用自动化工具来提高数据清洗的效率和准确性；五是记录数据清洗的过程和结果，为后续分析和审计提供依据。

- 数据验证。根据数据标准验证主数据的规范性、准确性、一致性、完整性、时效性和有效性，记录发现的错误和不一致性，并将数据质量问题反馈至数据责任单位解决。

4. 数据质量管理过程中的落标

将数据质量提升作为数据标准落地的抓手，根据数据质量问题对信息系统进行整改，改造过程中严格按照信息系统开发流程执行数据标准的对标，落地数据标准，提高数据质量。

8.1.3 数据标准贯标工具

数据标准贯标工具通过标准映射、数据清洗、标准管理等功能，旨在提高生态环境主管部门数据标准化的效率和成效，确保数据在不同系统、流程和数据库间的一致性、准确性和可互操作性。数据标准贯标工具根据其功能包括但不限于以下 3 类：

1. 数据命名标准工具

数据命名标准工具通过提供规则制定、命名检查、自动命名、规则执行、历史追踪等功能，帮助生态环境主管部门在数据标准管理过程中建立和实施统一、规范的数据命名规则，确保数据的可读性、一致性和可维护性。其中，规则制定功能是指允许用户自定义数据元素的命名规则，如前缀、后缀、命名模板等，以确保命名的规范性和一致性；命名检查功能是指自动扫描现有数据资产，检查命名是否符合预设的标准，提供不符合规则的命名列表，以便于修正；自动命名功能是指根据定义的规则自动为新数据元素生成命名，减少手动错误，提高效率；规则执行功能是指在数据创建或更新时，自动应用命名规则，确保新数据命名的一致性；历史追踪功能是指记录命名变更历史，便于审计和追溯，确保数据命名的可追溯性。

2. 数据字典标准工具

数据字典标准工具提供了对数据元素、数据项及其定义的标准描述，通常具备数据抽取与逆向工程、元数据管理、文档生成与导出、数据字典浏览与搜索、数据映射与影响分析、业务术语管理、API 集成与自动化等功能，以满足不同场景下对数据管理、文档化和理解的需求。其中，数据抽取与逆向工程功能是指能够从现有的数据库或数据仓库中自动抽取元数据，包括但不限于表、视图、列、索引、存储过程、函数、触发器等的定义和属性，并支持多种数据库类型，如 Oracle、SQL Server、MySQL、PostgreSQL 等，实现跨平台兼容性；元数据管理功能是指提供一个集中式的界面来查看、编辑和维护元数据信息，确保数据字典的准确性和时效性并支持版本控制，追踪数据结构和定义的变更历史，便于审计和回溯；文档生成与导出功能是指自动生成数据字典文档，包括表格、图表和详细描述，支持多种输出格式，如 HTML、PDF、Word、CHM 等，便于分享和存档；数据字典浏览与搜索功能是指提供直观的浏览器界面和高效的全文搜索功能，让用户能够轻松浏览数据字典内容，基于关键词快速查找特定的数据元素、表或过程所需信息；数据映射与影响分析功能是指显示数据元素之间的依赖关系，提供影响分析报告，帮助理解数据流动和影响范围，支持数据迁移和变更管理，预测数据结构变化对应用程序和报告的影响；业务术语管理是指将技术性的数据元素与业务术语相关联，帮助非技术用户理解数据的业务意义；API 集成与自动化功能是指提供 API 接口，支持定时任务，允许其他系统或工具集成数据字典信息，实现自动化数据管理流程。

3. 数据交换标准工具

数据交换标准工具定义了数据在不同系统或平台间交换的格式和协议，如 XML、

JSON、EDI 等，提供了数据格式转换、协议支持、数据映射与匹配、数据验证与清洗、监控与审计、批处理与实时处理、工作流与调度、接口管理、标准化支持等功能，以确保数据的正确传输和解析，促进不同系统、组织或应用间的数据共享和互操作性。其中，数据格式转换功能是指自动将数据从一种格式转换为另一种格式，以符合特定的数据交换标准（如 XML、JSON、EDI、IFC 等），确保数据的兼容性；协议支持功能是指支持多种数据传输协议（如 HTTP、FTP、AS2、MQTT 等），适应不同的网络环境和安全要求，保证数据交换的顺利进行；数据映射与匹配功能是指提供图形化或编程方式的数据映射工具，使用户能够便捷地定义源数据与目标数据字段之间的对应关系，处理数据结构差异；数据验证与清洗功能是指在数据交换前进行数据质量检查，如格式验证、完整性校验、重复数据处理等，确保数据的准确性和一致性；监控与审计功能是指提供实时监控数据交换任务的状态，包括进度跟踪、错误报告和性能统计，同时记录操作日志，便于审计和故障排查；批处理与实时处理功能是指支持批量数据交换和实时数据流处理，适应不同业务场景的需要；工作流与调度功能是指配置灵活的工作流，定义数据交换的流程和顺序，支持定时任务调度，自动化执行数据交换作业；接口管理功能是指对于 API 驱动的数据交换，提供 API 生命周期管理，包括设计、发布、测试、文档化和版本控制；标准化支持功能是指严格遵循行业或国际数据交换标准（如 HL7 在医疗保健领域、SWIFT 在金融领域），确保数据交换的通用性和标准化。

典型的数据交换标准工具及其特点如下：

- IFC Converters。专门的转换工具，可以将不同建模软件的原生格式转换为 IFC 标准格式，反之亦然，确保模型数据的互通性。
- ETL 工具（Extract，Transform，Load）。它包括 2 种：①Kettle（Pentaho Data Integration），开源的 ETL 工具，适用于复杂数据转换和加载任务，支持多种数据源和目标，便于在不同数据库或系统间进行数据交换；②Informatica、Talend、Microsoft SQL Server Integration Services（SSIS），商业级的 ETL 工具，提供图形化界面设计数据管道，支持大量数据交换场景。
- XML 编辑器和处理工具。如 Altova XMLSpy、Liquid XML Studio，这些工具提供了强大的 XML 编辑、验证、转换和处理功能，适用于基于 XML 的数据交换标准，如 XBRL（可扩展商业报告语言）。
- EDI（Electronic Data Interchange）工具。如 SEEBURGER Business Integration Suite、

IBM Sterling B2B Integrator，是专为电子数据交换设计的软件，支持行业标准的 EDI 格式，用于企业间自动化交易数据交换。

● API 管理与集成平台。如 MuleSoft Anypoint Platform、Apigee、Azure API Management，这些平台支持 RESTful API 和 SOAP 协议，用于构建、部署和管理 API，实现系统间的数据交换和微服务集成。

● 消息队列和中间件。如 RabbitMQ、Apache Kafka、IBM MQ，这些工具提供消息队列服务，支持异步数据交换和解耦系统，适用于需要高吞吐量和可靠性的场景。

数据标准贯标工具通常是具有多项功能的综合性软件或平台，以下是一些数据标准贯标工具的示例：

● Collibra：一个广泛使用的数据治理平台，提供一个中心化的地方来定义、管理和执行数据标准，用户可以创建和维护数据字典、数据标准和政策，同时跟踪数据标准的贯彻情况。

IBM InfoSphere Information Governance Catalog：IBM 的这款工具支持数据标准管理，帮助用户建立、维护和推广数据标准，提供数据血缘分析、数据质量评估及数据标准遵从性监控等功能。

● Ataccama ONE：该平台集成了数据质量、数据治理和主数据管理功能，其中包括数据标准的制定和贯标，支持自动化的数据质量检查和标准化过程，确保数据符合预设的标准。

● SAP Master Data Governance：SAP MDG 提供了一个框架来管理企业主数据的整个生存周期，包括数据标准的定义和执行，支持多渠道数据同步，确保数据在整个企业范围内的一致性和准确性。

● TIBCO EBX：一个主数据管理解决方案，强调数据标准的实施和管理，通过其数据模型设计和数据规则引擎，组织可以定义并强制执行数据标准，以支持数据整合和治理。

● Erwin Data Governance：Erwin 提供了一个数据治理解决方案，帮助组织定义、沟通和执行数据标准和政策，支持数据字典、数据地图和业务术语表的创建，确保数据标准的贯标和理解。

● Alation Data Catalog：Alation 是一个智能数据目录平台，它不仅帮助发现和理解数据，还能通过协作功能促进数据标准的制定和推广。用户可以评论、评分和注释数据资产，推动数据标准的共识和采用。

8.2 数据标准贯标的挑战及应对措施

数据标准贯标是一项系统工程，涉及技术、管理、文化等多个维度，面对生态环境业务系统异构、开发团队不同、数据体量巨大、数据质量不一等现状，贯标过程中存在许多挑战，需要全方位的规划和策略来应对这些挑战。

挑战 1：当前在用的生态环境业务系统之间数据格式不一、接口各异，在数据标准贯标的过程中需要进行复杂的系统改造和集成工作，如何确保在不影响业务系统正常使用的情况下进行贯标是挑战之一。

应对措施：

- 制订详尽的迁移计划和时间表。在正式开始之前，进行全面的系统评估，识别关键业务流程和数据依赖关系，据此制订详细的迁移策略和时间表。为确保重要业务功能的连续性和稳定性，优先处理低风险或非核心系统的迁移，非核心业务系统是指数据共享频率低、不生产高价值数据的业务系统，以此类系统作为贯标试点系统，取得成效后再将贯标经验推广至其他系统。

- 逐步实施策略。对于复杂的系统改造和集成工作，可以采用逐步实施的方式，先对部分数据进行标准化处理，再逐步扩展到整个系统。

- 充分利用现有技术和工具。一是在不改变原有系统的情况下，通过数据映射和转换工具来适配不同的数据格式和接口；二是可以通过容器化和微服务架构，独立更新和部署系统的各个部分，不影响整个系统的运行；三是可以开发一个接口抽象层或适配器模式，以统一不同系统之间的数据交换格式，减少直接对现有系统的修改；四是在不影响生产环境的情况下，可以使用影子模式并行运行新旧系统，确保新系统在全面部署前能够稳定运行；五是可以使用中间件来处理不同系统之间的通信和数据交换，减少对原有系统的依赖。

- 强化数据质量监控与治理。在贯标过程中，实施严格的数据质量监控，确保转换过程中数据的准确性和完整性。同时，通过数据清洗、校验和一致性检查等手段，减少因数据转换带来的潜在错误。

- 充分测试与验证。在每个阶段完成后进行详尽的系统测试和用户验收测试

（UAT），确保数据转换的正确性及业务流程的连贯性。同时，设置回滚机制，一旦发现问题能迅速恢复到转换前的状态，保证业务连续性。

挑战 2：由于业务的并行开展，同一个数据可能由多个单位产生，如“化学需氧量排放量”在环评综合管理业务、排污许可管理业务、废水在线监测业务、排放源统计业务中均采集，且计算方法不一，导致“一数多源”现象；同时，由于生态环境业务的持续开展，数据库中存在大量的历史数据，历史数据与最新数据差异较大。这两种现象给数据清洗和标准化工作带来了极大的挑战。

应对措施：

- 统一数据定义和计算规则。跨业务部门协商，统一关键指标如“化学需氧量排放量”的定义、计算公式和单位，制定统一的数据标准。
- 建立主数据管理（MDM）。实施主数据管理，为关键实体（如排放源、监测点等）建立唯一的标识符（ID），确保不同业务系统间数据的一致性和关联性。通过 MDM 系统，整合重复数据，消除冗余。
- 数据血缘和影响分析。利用数据血缘工具追踪数据来源、流转和使用情况，理解同一数据在不同业务系统中的产生背景和计算逻辑，识别差异源头，有针对性地进行数据校正和标准化。
- 历史数据逐步迁移与校准。对于历史数据与最新数据差异大的问题，采取逐步迁移和校准的策略。基于业务重要性和数据使用频率，确定历史数据的清洗和标准化优先级，对于关键历史数据，通过算法或人工审核的方式将其逐步调整至新标准下，同时保留原始数据的备份以备查证。
- 利用数据质量提升驱动数据标准化。业务系统在整改数据质量问题的过程中，严格按照业务系统开发流程执行数据标准的对标，将数据质量提升作为数据标准落地的抓手。
- 利用技术工具进行辅助。利用先进的数据清洗和整合工具，如 ETL 工具、数据质量管理系统、数据湖/仓技术等，自动化处理数据清洗、转换和标准化工作，提高效率和准确性。

挑战 3：由于部分管理人员、业务人员和技术人员的数据标准落标意识薄弱，数据标准制定后如何打破部门壁垒，通过跨部门协同进行贯标是挑战之一。

应对措施：

- 高层支持与战略引导。获得高层管理层的明确支持和承诺，将数据标准贯标作为生态环境数据战略的一部分，并将其重要性传达给所有部门，为贯标工作创造良好的组织氛围。

- 制定生态环境数据标准管理办法。数据标准管理办法的内容包括各单位职责分工、数据标准的管理流程、执行要求、检查监督等，规范生态环境主管部门对数据标准的管理，确保数据标准的有效性和适用性。

- 跨部门协作机制。建立跨部门的数据治理委员会或工作组，成员包括来自不同业务部门、IT 部门及数据管理部门的关键人员，负责制订贯标计划、监督执行情况，并协调解决实施过程中出现的问题。

- 在局内开展数据标准的专题培训，让相关的技术人员、业务人员和管理人员清楚地了解每一类数据标准，让数据标准真正融入业务人员和技术人员的实际工作中，推动数据标准的落地。

挑战 4：贯标并非一蹴而就，标准文件、业务环境和技术的快速变化要求数据标准需频繁更新，如何确保本工作既遵循国家、省、市及行业的要求，又保持行业领先，是本工作的重难点之一。

应对措施：

- 积极响应上级政策。首先，对国家、省、市各级政府新发布的数据相关政策进行深入解读，理解政策目标、要求、重点任务等，明确数据标准应遵循的总体方向和具体要求；其次，根据政策要求调整数据标准贯标工作，确保修订的标准与政策要求保持一致，如政策强调数据安全、个人隐私保护，那么数据标准中应强化相关安全规范和隐私保护措施；最后，定期跟踪政策动态，及时更新数据标准，确保标准始终符合最新政策要求，如政策对数据开放共享提出新要求，应及时调整数据共享标准，明确数据开放范围、方式、条件等。

- 进行动态跟踪与更新。利用自动化工具及时跟踪国家、省、市及行业新发布、修订或废止的数据标准信息，及时更新标准清单、调整贯标策略和方案，确保始终紧跟标准前沿。

- 灵活性与兼容性设计。在制定数据标准时，考虑到未来可能的变化和技术演进，设计具有前瞻性和灵活性的标准结构。例如，采用模块化设计时，应确保标准的某一部分独立更新时不影响整体架构，同时确保新旧标准之间的兼容性。

- 技术驱动创新。积极探索和应用最新的数据管理技术和工具，如人工智能、大数据分析等，提升数据处理和分析能力，使数据标准更贴合技术发展前沿。同时，利用技术手段自动化标准贯标过程中的部分任务，提高效率和准确性。

- 行业交流与合作。加强行业内的交流与合作，参与行业协会、标准组织、学术会议等活动，了解行业发展趋势和最佳实践，吸取成功经验。

挑战 5：数据标准贯标过程中需要投入大量的人力、物力和财力，尤其在初期阶段可能涉及系统改造、工具采购、专家咨询、人员培训等，如何投入资源及控制成本是挑战之一。

应对措施：

- 详细规划与预算管理。在项目启动之初进行详细的项目规划，明确贯标的目标、范围、步骤、所需资源和预期成本。制订详细的预算计划，包括软硬件采购、人力成本、外部咨询费用等，并预留一定的风险准备金以应对不确定性。
- 优先级排序与分阶段实施。根据业务需求的紧迫性和资源的可用性，对各项任务进行优先级排序，优先处理影响最大或收益最明显的领域并逐步推进，避免一次性大规模投入造成的资金压力。
- 内部资源最大化利用。评估并充分利用现有的人力资源和技术资源，如优先考虑通过内部培训提升现有团队的数据管理能力，而非直接外聘专家；优先评估是否可以通过优化现有系统或工具，减少新采购的需求。
- 选择性价比高的解决方案。在采购软硬件和外部服务时应进行市场调研，对比不同供应商的报价和服务内容，选择性价比高的解决方案。同时，考虑开源工具和云服务，以较低的成本提供强大的功能。
- 持续成本效益分析。贯标过程中应定期进行成本效益分析，评估项目投入与产出比，确保每一笔投资都能带来预期的业务价值提升或成本节省，对于成本超支或效益不佳的部分及时调整策略。
- 鼓励创新与自研能力。鼓励团队探索创新方法和技术，如通过自主研发小型工具或脚本，替代昂贵的商业软件，既能降低成本，也能提升团队的技术能力。
- 合作伙伴与资源共享。与其他组织或行业联盟建立合作，共享资源，如共同开发标准、共享培训资料等，促进知识交流和行业标准化进程。
- 强化项目管理和监控。建立严格的项目管理机制，确保项目按时按质完成，避免不必要的延期和额外开销，并通过定期的进度报告和成本审查，及时发现并纠正偏差。

挑战 6：如何在贯彻数据标准的同时确保数据的安全性和合规性是生态环境主管部门必须面对的挑战。

应对措施：

- 建立数据安全政策与合规框架。根据国家及行业的数据保护法规（如《中华人民共和国数据安全法》《中华人民共和国个人信息保护法》等）建立内部的数据安全政策和合规框架，包括数据分类、数据生命周期管理、访问控制、加密策略等。
- 数据最小化原则。数据标准贯彻过程中应先明确哪些业务数据是必要的，评估哪些业务数据是敏感的，以及如何妥善处理敏感数据；然后，仅收集和处理完成业务目标所必需的最少数据量，减少数据泄露的风险。
- 数据加密与匿名化。对敏感数据进行加密处理，确保数据在传输和存储过程中的安全，对于非必要展示个人身份的信息，采用匿名化或去标识化技术，减少个人隐私泄露风险。
- 控制与权限管理。根据数据敏感度级别实施严格的访问控制措施，确保只有经过授权的人员才能访问相关数据，并要求访问权限与业务需求相匹配。
- 数据审计与监控。建立数据审计和监控机制，记录数据访问和操作日志，并通过技术手段自动检测数据安全事件，定期检查是否有违规行为，对违规行为及时响应和处理。
- 人员培训与意识提升。定期对管理人员、技术人员和业务人员进行数据安全和隐私保护的培训，内容包括数据处理的合规要求、违反规定的后果，全面提升工作人员的数据安全意识。
- 数据泄露应急响应计划。制订数据泄露应急响应计划，包括泄露发生时的即时响应、调查、通报、补救措施等，确保能够迅速有效地处理安全事件。
- 第三方风险管理。对于与第三方共享数据的情况，要进行严格的供应商安全评估，签订数据保护协议，并定期复审，确保第三方也能遵守数据安全和合规要求。
- 持续合规性评估。随着法规的更新和业务的发展，定期进行数据处理活动的合规性评估，确保数据标准和安全措施与时俱进，符合最新的法律法规要求。
- 利用技术工具辅助。采用数据治理、数据安全和合规性管理软件，自动化执行部分合规性检查和数据保护任务，提高效率和精确度。

8.3　深圳市生态环境数据标准贯标进展

数据标准贯标是一项长期而艰巨的任务，但也是源头提升数据质量、降低数据管理成本、支持数据驱动决策、促进数据创新应用的必经途径。深圳市生态环境数据标准贯标以主数据管理作为抓手，在主数据管理过程中应用数据标准，提升主数据质量。

一是识别主数据。将满足共享性、关联性和稳定性的数据识别为主数据，包括排污单位名称、生产经营场所地址、行政区划名称、行政区划代码、行业类别名称、行业类别代码、所属流域、排污许可证编码等。

二是建立主数据库。基于大数据中心已有系统的基础信息，根据主数据范围汇聚整合相应字段内容，形成基础主数据库，作为数据汇交的坚实基础；同时，设计一个结构化的数据库架构，以支持数据的高效存储、检索和分析，包括确定数据库的模式、索引策略和数据完整性约束。在此基础上不断更新各区、各系统汇交回流的主数据，从而使主数据库不断更新完善。

三是将数据标准应用至主数据。建立主数据库后，应明确主数据范围，对后续汇交的主数据各字段的字段名、字段说明、数据类型、最小长度、最大长度、值域、精度等提出统一规范化要求，确保各业务系统对相同数据元素的理解和应用一致，保证数据的一致性、准确性和可用性（表 8-1）。

表 8-1　生态环境数据标准化示例

序号	字段名	字段说明	数据类型	最小长度	最大长度	值域
1	ps_uid	污染源统一编号	string	—	200	—
2	ps_name	污染源名称	string	—	200	—
3	usc_code	统一社会信用代码	string	18	18	应符合 GB 32100 中的统一社会信用代码编码规则
4	trade_class	行业门类代码	string	9	9	GB/T 4754 中的代码
5	trade_name	行业名称	string	2	4	GB/T 4754 中的名称
6	county_code	区代码	number	6	6	符合 DB4403/T 176.1 的要求
7	county_name	区名称	string	6	14	符合 DB4403/T 176.1 的要求
8	street_code	街道代码	number	12	12	符合 DB4403/T 176.1 的要求

序号	字段名	字段说明	数据类型	最小长度	最大长度	值域
9	street_name	街道名称	string	8	10	符合 DB4403/T 176.1 的要求
10	lng_2k	大地 2000 经度（数据应精确到小数点后 5 位）	number	8	8	—
11	lat_2k	大地 2000 纬度（数据应精确到小数点后 5 位）	number	7	7	—
12	detail_address	污染源地址	string	4	255	—
13	business_status	污染源运行状态	string	4	4	运行、停产、关停其中之一

四是明确各单位工作职责。主数据质量的责任单位对于数据质量管控工作的推动和开展是至关重要的，通过对数据管理的权力和责任进行分配，明确工作边界和协作机制，有效地提升数据质量和主数据质量管控工作效率。结合《深圳市生态环境局生态环境数据管理办法（试行）》这一制度基础，主数据管理应用过程中涉及大数据中心、数据质量责任单位、数据使用单位、技术支撑单位 4 个数据责任角色。其中，大数据中心是指在主数据管理及应用过程中，负责统筹主数据调用回流、统筹工作、汇集污染源主数据、协调指导主数据管理应用的单位；数据质量责任单位是指对数据质量负责的责任单位；数据使用单位是指在主数据管理及应用过程中，负责主数据的调用和使用的各单位；技术支撑单位是指为主数据管理及应用过程中提供技术支撑的单位，职责内容包括但不限于接口开发、数据共享、数据审核、监控评估、整理汇报等工作。

五是不断提升数据质量。数据质量责任单位回流的数据需要满足已设定的数据标准，当填报的业务数据不符合数据标准时会进行提醒，此时需要重新填报数据。例如，当统一社会信用代码的长度填报 19 位时，数据无法更新至主数据库，数据质量责任单位需重新填报，以此来达到源头提升数据质量的目的。当然，如果数据质量责任单位发现已设定的数据标准不符合实际业务开展的要求，可联系技术支撑单位进行修正，在主数据不断地汇交、回流过程中贯彻主数据标准。

第3部分

展望

当前，我们正处在一个新时代的交汇点，面临生态环境保护的全球挑战与数字化转型带来的历史机遇。在这一背景下，生态环境数据标准化工作迎来了前所未有的发展契机和长远前景。

展望未来，生态环境数据标准化将作为生态环境数据交易的基石，降低交易成本，提升市场效率，并激发数据市场的活力。政府通过政策引导、资金支持和激励机制，鼓励企业与研究机构深入参与生态环境数据标准化。同时，市场机制如数据交易市场的规范化将促进数据资源的优化配置和价值实现，推动数据标准化向市场化和商业化迈进。

展望未来，生态环境数据标准化将成为跨领域融合的催化剂，促进智慧城市、公共卫生和气候变化等多个领域的数据共享，为生态环境的综合性管理与可持续性发展奠定基础。这需要我们在标准化过程中实现技术协同与效率飞跃，加强数据质量保障和安全防护，打破信息壁垒，促进广泛的数据协同共享，为智慧决策提供强大支撑。

数据标准化的核心价值在于其对生态环境管理各层面的深度渗透，为科学决策提供可靠依据，是实现现代化治理的关键一环。未来在顶层设计中将强调自下而上的数据采集与自上而下的政策实施相结合，注重管理的灵活性和执行力，同时依托技术创新迭代标准化框架，借助现代信息技术加速这一进程，提升智能化管理水平。

此展望不仅是对深圳及全国生态环境数据标准化工作的未来规划，更是对大数据时代下如何利用标准化促进环保与可持续发展的深思。我们满怀信心，通过持续努力与创新，生态环境数据标准化将迎来新飞跃，为中国乃至全球的生态环境治理提供宝贵的实践经验，共同守护地球的美好生态。

第9章

实施生态环境数据标准化的意义

9.1 数据交易的基石

《信息安全技术　数据交易服务安全要求》（GB/T 37932—2019）对数据交易的定义为“数据供方和需方之间以数据商品作为交易对象，进行的以货币交换数据商品，或者以数据商品交换数据商品的行为”。近年来，中国针对数据要素市场和数据流通的政策频出，旨在推动数据的有序共享，明确数据作为生产要素之一参与社会分配，并逐步细化相关制度和管理条例，积极探索数据流通的相关法律和制度。其中，中共中央、国务院等各部门分别印发《深圳建设中国特色社会主义先行示范区综合改革试点实施方案（2020—2025年）》《关于深圳建设中国特色社会主义先行示范区放宽市场准入若干特别措施的意见》《关于构建数据基础制度更好发挥数据要素作用的意见》，赋予了深圳探索设立数据交易市场的重任，强调要建立合规高效的数据要素流通和交易制度，建设规范的数据交易市场。

为落实党中央、国务院有关决策部署的重要举措，解决数据交易市场发育不充分的问题，以及市场客体难界定、市场主体难协同、市场活力难激发、市场运行难稳定、市场监管难精准的“五难”问题，2022年8月，《深圳经济特区数字经济产业促进条例》出台，提出积极推动设立数据交易场所，逐步完善数据要素市场的生态体系。2022年9月，《深圳市推进数据交易近期重点工作安排（2022—2023年）》印发，提出“健全完善数据交易制度规则体系，促进规范数据商、第三方服务机构发展”的工作任务。2022年11月，深圳数据交易所揭牌成立。2023年2月，深圳市先后出台《深圳市数据交易管理暂行办法》《深圳市数据商和数据流通交易第三方服务机构管理暂行办法》，从制度层面规范数据交易活动和数据交易市场主体行为，促进数据有序高效流通，引导培育数据交易市场健康发展。

数据交易不仅是技术进步和市场需求共同作用的结果，也是数字经济时代背景下优化资源配置、激发市场活力、推动产业升级的重要趋势。未来，随着相关制度的完善和技术的不断进步，数据交易市场将更加成熟，成为数据经济中不可或缺的一环。然而，要实现数据交易的高效、顺畅和合规，必须有一套完善的数据标准作为支撑。这些标准不仅是确保数据交易顺利进行的基础和前提，更是提升交易质量、保障数据安全、促进市场健康发展的关键因素。

一是确保了数据交易质量。生态环境数据标准化是生态环境数据交易得以顺利进行的前提，为数据交易的质量和可靠性提供了有力保障。通过制定和执行严格的数据标准，可以建立一套完善的数据质量管理和评估体系，这一体系确保了数据在采集、处理、存储和传输等各个环节都符合预定的质量标准和要求，为数据交易提供了一个可靠的基础，有助于减少因数据质量问题导致的交易纠纷，提高交易效率。

二是提高了数据互操作性和共享性。标准化的数据格式和协议使不同来源、不同系统之间的数据能够无缝对接和交换，极大地提高了数据的互操作性。这意味着数据可以在不同组织、不同部门、不同国家之间自由流通，这样极大地促进了数据的广泛共享和高效利用。在生态环境领域，这有助于打破数据孤岛、实现数据资源的优化配置和高效利用。

三是降低了交易成本，增强了数据透明度。标准化通过减少数据整合和处理的工作量，降低了数据交易的成本，使交易过程更加高效和经济。同时，标准化的数据更容易被验证和审计，提高了数据的透明度。在数据交易中，透明度对于建立信任、保障交易安全至关重要。标准化可以确保数据的来源、处理过程、质量评估等信息清晰透明，增加数据交易的信任度。

四是支持数据定价，保障数据安全，促进可持续发展。标准化的数据为数据定价提供了依据，有助于建立统一的数据价值评估体系，为数据定价提供合理依据，促进数据的合理交易。同时，标准化的数据交易流程和协议有助于保障数据的安全性和隐私性，防止数据泄露和滥用，确保数据交易安全可靠。此外，生态环境数据的标准化还有助于实现环境的可持续发展目标，通过数据交易促进环境资源的合理配置和利用，推动绿色产业和低碳经济的发展。

总之，生态环境数据标准化是数据交易的基石。它不仅可以确保数据的质量，提高数据的互操作性和共享性，降低交易成本，增强数据透明度，而且能够支持数据定价，保障数据安全，并促进可持续发展。在未来的发展中，我们应继续加强生态环境数据标准化的研究和实践，为数据交易和生态环境保护事业作出更大的贡献。

9.2　数据共享的前提

党的十八大以来，党中央、国务院围绕实施大数据战略、加强数字政府建设等作出了一系列重大部署，强化顶层设计，统筹推进政务数据开放共享。自 2016 年以来，先后出台《政务信息资源共享管理暂行办法》《政务信息系统整合共享实施方案》《关于建立健全政务数据共享协调机制加快推进数据有序共享的意见》等政策文件。在国家层面，2017 年启动建设全国一体化政务服务平台和国家数据共享交换平台，涵盖了国务院部门、31 个省（自治区、直辖市），开展了中央和各地区各部门政务数据目录编制、基础数据库建设、重点领域共享责任清单编制、“放管服”百项堵点疏解等工作。在生态环境领域，《生态环境大数据建设总体方案》要求构建“互联网+”绿色生态，实现生态环境数据互联互通和开放共享，进一步强调加强顶层设计和统筹协调，健全大数据标准规范体系，保障数据准确性、一致性和真实性。由此可以看出，生态环境数据开放共享是加快建设数字政府、提升数字治理能力的关键举措，对引领驱动数字经济发展、加快转变政府职能、推进国家治理体系和治理能力现代化意义重大。

然而，在开展数据共享的进程中，数据标准化成为一个不可或缺的前提。生态环境数据标准化不仅能确保数据的质量、准确性和一致性，还能提高数据的可读性、可访问性和可重用性，进而促进不同系统、不同部门之间的数据互通与共享。实施数据标准化可以消除数据孤岛，减少数据冗余，提高数据利用效率，提高数据质量与安全保障，为数字政府建设提供更加坚实的数据基础。

因此，我国在推进数字政府建设的过程中应继续加强生态环境数据标准化工作，完善数据共享机制，打破数据壁垒，推动政务数据资源的深度开发和广泛应用；同时，还需要加强数据安全和隐私保护，确保数据在共享过程中的安全性和合规性。这些措施的实施将有力推动我国数字政府建设的深入发展，为经济社会发展提供更加有力的支撑。

一是技术统一与效率提升。实施生态环境数据标准化是实现数据共享的首要前提。在数据交换和共享的过程中，标准化的数据格式起着至关重要的作用。它确保了数据在不同系统和组织间的统一存储和传输，消除了技术障碍，使数据共享变得更为顺畅。此外，标准化还提高了数据的可读性，使数据定义清晰明了，降低了用户理解和使用的复杂性，从而提高了数据的使用效率。这种技术上的统一和效率的提升为生态环境数据的广泛共享和应用奠定了基础。

二是促进跨领域合作与综合研究。生态环境问题具有复杂性和综合性，需要不同领域和行业的专家共同研究与解决。实施生态环境数据标准化为跨领域合作提供了便利。标准化的数据格式使不同领域的专家能够轻松共享和利用数据，促进了跨学科、跨行业的协作。这种合作不仅推动了生态环境领域的综合研究，还有助于发现新问题、提出新解决方案。

三是提高数据质量与安全保障。数据质量是数据共享的核心要素之一。实施生态环境数据标准化，通过标准化流程确保了数据的准确性和一致性，提高了数据的整体质量。这使共享的数据更加可靠，为基于数据的决策提供了有力支持。同时，标准化的数据共享协议还有助于保护数据的安全性和隐私性，确保数据在共享过程中的合规使用，防止数据泄露和滥用。这种数据质量的提升和安全性的保障增强了公众对数据共享的信任和支持。

四是支持可持续发展与知识创新。生态环境数据共享对推动可持续发展和知识创新具有重要意义。通过实施生态环境数据标准化，可以建立一个更加开放、协作的数据共享环境，促进知识的传播和技术的发展。标准化的数据为政策制定者和研究人员提供了高质量的信息资源，有助于基于数据的决策制定，提高了决策的科学性和准确性。此外，标准化的数据还为科研人员提供了丰富的研究材料，推动了环境科学和相关领域的创新和发展。

9.3 智慧决策的保障

生态环境管理现代化智慧决策是指利用现代信息技术，如大数据、云计算、人工智能、物联网等，来提升生态环境保护与管理的智能化、精准化和高效化水平。这一过程强调通过科技手段获取、分析环境数据，并据此做出更加科学、及时的决策，以促进生态环境的可持续发展。在当今日益复杂的生态环境治理挑战面前，科学、精准的决策显得尤为关键。而要实现这样的决策，离不开全面、准确、及时的生态环境数据支持。数据作为现代治理的“石油”，其质量和标准化程度直接影响着决策的有效性和前瞻性。因此，实施生态环境数据标准化不仅是提升数据质量、促进数据共享的重要举措，更是保障智慧决策科学、高效运行的关键措施。

一是数据质量提升，确保决策基础坚实。在决策过程中，数据的质量直接关系到决策的准确性和科学性。实施生态环境数据标准化，首先确保了数据的准确性、一致性和可靠性。标准化的流程要求数据在采集、处理、存储和传输等各个环节都遵循统一的标准和规范，从而减少了数据错误和不一致性的风险。这种标准化的数据质量保障机制为决策者提供了高质量的信息基础，使基于数据的决策更加精准和科学。同时，标准化还提高了数据的整体质量，使数据更加具有代表性和可信度，为智慧决策提供了坚实的支撑。

二是数据整合优化，支持全面决策制定。在生态环境领域，数据往往来自不同的系统，具有多样性和复杂性。传统的数据管理方式往往难以将这些数据有效地整合在一起，形成全面、完整的决策支持系统。而标准化的数据格式和结构使来自不同系统的数据能够无缝连接和整合。这种整合能力不仅提高了数据的利用效率，还使决策者能够全面了解环境状况、趋势和影响因素。通过整合数据，决策者能够做出更为全面和细致的决策，提高决策的有效性和针对性。同时，标准化的数据整合还促进了不同部门和机构之间的数据共享和协作，推动了跨领域的合作和交流。

三是数据访问简化，提高决策效率。在决策过程中，快速、方便地获取所需信息对于提高决策效率至关重要。然而，传统的数据管理方式往往存在数据分散、格式多样等问题，使数据访问变得复杂而烦琐。而标准化的数据格式和结构简化了数据访问过程，使决策者能够快速、方便地获取所需信息。这种简化的数据访问方式不仅减少了数据查找、筛选和准备的时间，还提高了决策的效率。同时，标准化的数据还降低了数据使用门槛，使更多的决策者能够利用数据支持其决策过程。这种简化的数据访问方式使决策者能够更加灵活、高效地应对各种环境挑战。

四是深入分析支持，推动创新决策制定。在智慧决策中，深入的环境问题分析和趋势预测是制定有效决策的关键。而标准化的数据为数据分析提供了便利，使决策者能够利用高级分析工具更深入地理解环境问题和趋势。这种深入分析不仅帮助决策者发现新的解决方案和应对策略，还推动了跨学科的创新和合作。通过标准化的数据支持，决策者能够更加全面地了解环境问题的本质和根源，从而制定出更加科学、合理的决策方案。同时，标准化的数据还促进了不同领域和学科之间的知识融合，推动了跨学科的创新和发展。

此外，标准化的数据还为决策者提供了更多的决策选项和可能性。通过对比和分析不同来源和系统的数据，决策者能够发现更多的解决方案和策略，从而制定出更加全面、灵活的决策方案。这种基于标准化数据的决策过程，不仅提高了决策的科学性和准确性，还增强了决策的灵活性和适用性。

综上所述，实施生态环境数据标准化是智慧决策的重要保障。通过提升数据质量、优化数据整合、简化数据访问和支持深入分析，标准化为决策者提供了全面、准确、可靠的数据支持，使决策更加精准、科学和高效。这种基于标准化数据的智慧决策过程不仅提高了决策的科学性和准确性，还推动了可持续发展的实现。因此，我们应该高度重视生态环境数据标准化的工作，加强数据管理和技术支持，为智慧决策提供更加坚实的数据支撑。

参考文献

[1] 全国网络安全标准化技术委员会. 信息安全技术　数据交易服务安全要求：GB/T 37932—2019[S]. 北京：中国标准出版社，2019.

[2] 中共中央办公厅，国务院办公厅. 深圳建设中国特色社会主义先行示范区综合改革试点实施方案（2020—2025 年）[EB/OL]. （2020-10-11）[2024-10-29]. https：//www. gov. cn/zhengce/2020-10/11/content_5550408. htm.

[3] 国家发展改革委，商务部. 关于深圳建设中国特色社会主义先行示范区放宽市场准入若干特别措施的意见[EB/OL]. （2022-01-24）[2024-10-29]. https：//www. gov. cn/zhengce/zhengceku/2022-01/26/content_5670555. htm.

[4] 中共中央，国务院. 关于构建数据基础制度更好发挥数据要素作用的意见[EB/OL]. （2022-12-19）[2024-10-29]. https：//www. gov. cn/zhengce/2022-12/19/content_5732695. htm.

[5] 深圳市人民代表大会常务委员会. 深圳经济特区数字经济产业促进条例[EB/OL]. （2022-08-30）[2024-10-29]. https：//sf. sz. gov. cn/ztzl/yhyshj/yhyshjzcwj/content/post_11262778. html.

[6] 深圳市发展和改革委员会. 深圳市数据交易管理暂行办法[EB/OL].（2023-02-21）[2024-10-29]. https：//www. sz. gov. cn/attachment/1/1413/1413509/10454883. pdf.

[7] 深圳市发展和改革委员会. 深圳市数据商和数据流通交易第三方服务机构管理暂行办法[EB/OL].（2023-02-24）[2024-10-29]. https：//www. sz. gov. cn/attachment/1/1413/1413512/10454838. pdf.

[8] 国务院. 政务信息资源共享管理暂行办法[EB/OL].（2016-09-05）[2024-10-29]. https：//www. gov. cn/gongbao/content/2016/content_5115838. htm.

[9] 国务院办公厅. 政务信息系统整合共享实施方案[EB/OL].（2017-05-03）[2024-10-29]. https：//www. gov. cn/zhengce/content/2017-05/18/content_5194971. htm.

[10] 环境保护部办公厅. 生态环境大数据建设总体方案[EB/OL].（2016-03-08）[2024-10-29]. https：//www. mee. gov. cn/gkml/hbb/bgt/201603/t20160311_332712. htm.

第 10 章 生态环境数据标准化顶层设计的建议

顶层设计作为指导全局性、长远性和基础性工作的重要理念，要求我们从全局出发，以长远的眼光和系统化的思维来规划和管理生态环境数据，构建一个全面、统一、标准化的生态环境数据体系，确保数据的质量，扩展数据的应用，发挥数据的价值。本章结合深圳市生态环境数据标准的探索成果，从以下 4 个方面为生态环境数据标准化顶层设计提出建议，期望为生态环境数据标准化工作提供参考和指导，推动生态环境数据的规范化、标准化，提升生态环境治理体系和治理能力现代化的水平。

10.1 从下而上采集

数据标准来源于业务、服务于业务，应以业务需求为导向，从基层数据开始采集，逐步整合并规范，帮助数据管理方掌握生态环境数据底数，厘清生态环境数据来源，摸清生态环境数据质量，推动生态环境数据应用。

第一，生态环境业务呈现多元化和广泛化的特点，涵盖了生态保护、污染防治、环境监测、资源管理等多个方面，应根据生态环境管理的实际需求，明确数据采集的目标和范围，确保数据的针对性和实用性。第二，生态环境数据的提取方式多样，包括业务系统展示界面提取、数据库直接提取、业务纸质文件提取、业务电子文件提取等，应该选取关注度高、使用率高、业务度高的数据进行采集。第三，应制定统一的数据采集标准，包括谁采集数据、采集哪些数据、从哪里采集数据、谁使用数据、使用哪些数据、数据用在哪里等。第四，整理已采集数据，汇总形成数据采集清单，清单中列出数据来源、数据项名称、数据生产单位、数据生产系统、数据生产单位联系人、数据使用单位、数据应用系统、数据使用单位联系人等。第五，按照业务域、主题域、子主题域等进行分类，梳理出数据实体，提炼出数据资源目录，设计出数据模型。

从下而上的采集可以全面、系统地梳理所有的生态环境数据，通过“数据项—数据实体—子主题域—主题域—业务域—数据模型”的逐级归纳使数据管理方清晰地了解生态环境数据的来龙去脉，掌握各类数据的生产和使用信息，有效消除信息孤岛、促进数据共享。

10.2　由上至下贯彻

在生态环境数据标准化顶层设计中，除了要从下而上确保数据采集的准确性和完整性，还需要由上至下地贯彻相关设计理念和标准，以确保整个数据管理和应用体系的一致性和高效性。

第一，要成立专门的数据标准管理组织来主导数据标准的顶层设计，推动和监督数据标准的贯彻和执行。这一组织应包括跨部门、跨领域的专家，以确保标准的全面性和权威性，还应设定生态环境数据标准化的长期愿景，制定一套全面的生态环境数据标准体系，发布生态环境数据标准编制指南、生态环境数据标准管理方法等政策文件，明确数据标准化的重要性，规定数据生产单位、数据使用单位在数据元标准、主数据标准、参考数据标准、指标数据标准的编制和管理上的具体要求，指导各单位规范制定和管理数据标准，确保标准的先进性、兼容性和可扩展性。第二，开展数据标准化的培训和宣传活动，以提高各级管理人员、业务人员和技术人员的认识和技能，确保标准的理解和执行，并通过会议、研讨会、在线课程等多种形式普及标准知识，形成良好的标准化氛围。第三，建立数据标准化执行情况的监督机制，定期检查各级数据标准化工作的进展和质量，并实施效果评估，根据评估结果及时调整标准或实施策略，确保标准的有效执行和持续改进。第四，设立奖励机制，表彰在数据标准化工作中表现突出的单位和个人，激发其积极性，并建立反馈渠道，鼓励各级单位提出改进建议，形成标准持续优化的闭环机制。

10.3 循序渐进构建方法体系

生态环境数据体量较大、业务系统贯标复杂，建议从价值链、业务流程角度进行分段实施，结合系统改造和新系统建设的契机，选择适当的数据标准落地范围和层次，循序渐进地构建标准制定、贯彻和管理的方法体系。

第一，将生态环境数据标准化按照短期、中期、长期划分，设定具体、可衡量的目标，规划实施路径。第二，优先制定最关键的数据标准，如元数据标准、主数据标准、核心业务数据标准等，再将数据标准的范围覆盖至所有的生态环境数据。第三，数据标准发布后应选取新建系统或改造系统作为试点进行贯标，定期评估试点系统的贯标效果，包括是否影响业务系统的正常运转、是否有效提升了数据质量、是否便于数据共享等。第四，根据试点系统的贯标经验收集各方反馈，若发现存在的问题和不足，则对标准体系进行必要的修订和补充。第五，在试点系统贯标取得成效后，将贯标方法、管理手段等逐步推广至所有的生态环境业务系统，总结生态环境数据标准体系与管理方法。第六，数据是动态变化的，数据标准也要与时俱进并具有前瞻性。当新的生态环境管理业务出现时，需要增加相应的标准，对于没有价值的标准要及时废弃，数据标准管理组织要建立数据标准体系的持续更新机制。

10.4 充分利用软件工具

数据标准的制定是以生态环境主管部门的价值链为主线，按业务域一点点地梳理，工作量较大；同时，数据标准的管理流程包括采集、制定、审核、发布、执行、变更、维护等，流程较多。因此，应充分利用软件工具，使数据标准管得好、用得好。

ETL 工具（如 Talend、Alteryx）：用于数据的抽取（Extract）、转换（Transform）、加载（Load），支持从不同源头抓取数据，进行格式转换、数据清洗、标准化处理，然后导入统一的数据仓库或湖中。

元数据管理工具（如 Apache Atlas、Collibra）：帮助组织管理其数据资产的元数据，包括数据字典、数据血缘、数据质量等，确保数据的准确性和可追溯性。

数据质量管理工具（如 Informatica Data Quality、IBM InfoSphere Information Server）：

用于检测、清洗和监控数据质量，确保数据符合预定义的标准和规则。

数据标准管理工具（如 IBM InfoSphere Information Governance Catalog、Dataphin 等）：帮助组织定义和管理数据标准、业务术语和元数据，支持数据标准的创建、审批和发布，包括创建标准模板、标准集、数据标准、贯标映射规则等。

数据交换平台（如 ESRI GeoEvent Server、FME Server）：支持不同格式和协议的数据转换和交换，特别适合处理地理空间数据，确保数据格式与协议标准化。

API 管理与集成工具（如 MuleSoft Anypoint Platform、Apigee）：通过 API 标准化数据访问，促进数据的开放共享和跨系统集成。

BI 与数据分析工具（如 Tableau、Power BI）：支持数据的可视化分析，能够连接标准化后的数据源，快速生成报告和仪表板，支持生态环境数据的深入分析。

数据治理平台（如 IBM InfoSphere Information Governance Catalog、SAS Data Governance）：提供数据标准制定、政策管理、合规审计等功能，确保整个数据生命周期的标准化和合规性。